水体污染控制与治理科技重大专项“十三五”成果系列丛书
流域面源污染治理与水体生态健康修复成套技术

辽河保护区河岸带自然生境恢复现状评价

陈苏 著

中国环境出版集团·北京

图书在版编目（CIP）数据

辽河保护区河岸带自然生境恢复现状评价/陈苏著.
—北京：中国环境出版集团，2021.4
ISBN 978-7-5111-4688-5

Ⅰ. ①辽… Ⅱ. ①陈… Ⅲ. ①辽河流域—河岸—
生态恢复—研究 Ⅳ. ①X321.2

中国版本图书馆 CIP 数据核字（2021）第 052437 号

出 版 人 武德凯
责任编辑 孙 莉
责任校对 任 丽
封面设计 岳 帅

出版发行 中国环境出版集团
（100062 北京市东城区广渠门内大街 16 号）
网 址：http://www.cesp.com.cn
电子邮箱：bjgl@cesp.com.cn
联系电话：010-67112765（编辑管理部）
发行热线：010-67125803，010-67113405（传真）

印 刷 北京建宏印刷有限公司
经 销 各地新华书店
版 次 2021 年 4 月第 1 版
印 次 2021 年 4 月第 1 次印刷
开 本 787×960 1/16
印 张 4.75
字 数 80 千字
定 价 25.00 元

前　言

河岸带自然生境既是河流功能的关键要素，也是各种生物赖以生存的环境。如果任由自然和人为破坏却不采取有效的措施保护河岸带，那么河岸带生境所具有的功能就会逐渐退化并失去稳定性，甚至会导致河流生态系统与河岸带生态系统均失去平衡。辽河是辽宁省最重要的河流之一，通过利用“十二五”辽河保护区河道整治综合修复技术、自然封育技术、河岸带生态修复技术，辽河流域的生态环境已明显改善。但由于地域特征及其他自然因素、人为破坏等多方面因素的影响，辽河保护区河岸带在自然生境逐步恢复的过程中出现了诸多新问题或影响因素，使河岸带自然生境持续良性恢复受到了阻碍。因此，为明确当前辽河保护区河岸带自然生境恢复状态以及了解阻碍河岸带自然生境恢复进程的关键因素，本书通过构建河岸带自然生境评价指标体系对辽河干流河岸带自然生境进行现场调研，并采用综合指数法对辽河保护区河岸带自然生境现状及历史状态进行评价。期望本书的研究成果能为河岸带自然生境的恢复提供理论基础和实践依据。

本书是作者及团队近3年来的主要研究成果总结，研究工作得到了国家水体污染控制与治理科技重大专项“辽河流域水环境管理与水污染治理技术推广应用”项目，“辽河保护区河流健康修复与管理技术集成”课题（2018ZX 07601-003）的资助，在此深表感谢。

本书主要由沈阳大学陈苏、张鸿龄、孙丽娜、陈影、王辉、罗庆、中国环境科学研究院李明月等共同完成。

目　录

第1章　绪论

1.1　河岸带自然生境

1.1.1　河岸带自然生境的概念

生境（Habitat）一词最早出现在1917年，是由美国学者提出的。在生态环境学中，生境是指生物的生存环境，是种群和个体生存必需的水、食物、植被以及其他资源的必要集合[1,2]。Jowett[3]认为生境是水生生物生存及生活需要的生物环境、化学环境和物理环境；Kaufmann认为生境是指河道结构、河岸带的地形地貌以及其他对生物产生影响的物理特征[4,5]；Janssen P等[6]认为河岸带自然生境是强烈的环境梯度变化形成的群落过渡带；郑炳辉等[7]认为生境在传统观念上是指由生物体生存的浅滩或深塘等构成的生活环境；陈婷[8]对生境的定义是生物的生存条件以及生物个体、种群和群落与其他生态因素的特定生存环境。闵梦月[9]将河岸带自然生境定义为包括植被群落、堤岸类型、洪泛区及周围的生态过渡带；佟星星[10]指出生物的生存受到生境因素的限制，包括物理、化学和生物因素限制，因此生境状况与生物多样性紧密相连。生境是反映退化河岸带生态系统状态、退化河流状态以及评估退化生态系统恢复重建的关键要素[11,12]；根据国内外专家学者对生境的定义，本书将河岸带自然生境定义为河流与陆地之间生态交错带中生物栖息的生态环境，包括为河流河岸带生物提供的物理环境、化学环境和生物环境。

1.1.2 河岸带自然生境功能

河岸带自然生境是一个复合的生态系统，在生态功能的发挥和维系中具有重要作用。根据河岸带自然生境本身所具有的特点及辽河保护区河岸带的地域特征，本书主要对辽河保护区河岸带自然生境的稳定功能、缓冲功能、服务功能以及生物多样性进行论述。

（1）稳定功能

河岸带自然生境的稳定功能包括环境稳定和物种稳定两个方面：环境稳定是指河床及岸坡的稳定；物种稳定是指本地物种的完整性和外来植物入侵等；稳定的河岸带可以为生物提供栖息地、调节河流的功能、保留生物的物种多样性并稳定生态系统等[13]。

（2）缓冲功能

当河岸带受到人类活动干扰或自然灾害破坏时，河岸带本身所具有的自我调节能力会减弱破坏和干扰，对河岸带自然生境起到保护作用。

（3）服务功能

河岸带自然生境为人类提供了丰富的生物资源、土地资源以及景观观赏资源，即为人类提供舒适的环境、优美的风景以及人类活动和生活所需的场地，并保障人类安全[14]。

（4）生物多样性

河岸带的植被群落可以通过过滤、吸收、拦截等实现其净化水体、涵养水源和防控灾害的作用[15]。研究河岸带生物（植物、微生物）的特征，可为保护生物多样性、维持生态系统平衡提供依据。生物多样性可以直接或间接地影响河流功能，同时能够直观地反映河岸带自然生境恢复的程度，对河岸带自然生境的生物多样性进行评价可为河岸带自然生境评估提供借鉴，从而为河岸带的生态建设及恢复管理奠定理论基础。

1.1.3 河岸带自然生境评价

河岸带自然生境评价的方法是指通过识别、调查河岸带自然生境条件，并在此基础上采取适当的方法对河岸带自然生境的状态进行评估，从而确定现阶段河岸带自然生境现状及存在的不足。河岸带自然生境评价方法与河流生境评价方法相似，但其更侧重于河岸带的成分和功能。目前，国内外对河流生境评价的研究较为常见，但对河岸带自然生境评价的相关研究较少。Wang S 等[16]提出了一种基于改进灰色关联模型（包括物理生境、化学条件和生物结构的河流健康综合评价模型）对我国渭河、泾河以及北洛河的健康状况进行评估，评价结果可为河流的生态恢复以及流域的治理改进提供参考；Fu B 等[17]指出河岸条件的评估对于实现和保持良好的河流健康以及维持河岸地区提供的生态功能至关重要，利用遥感得出物理结构完整性（PSI）值，可以评估松花江的河岸状况；王强等[18]采用河流生境退化指数（HMS）与质量评价指数（HQA）相结合的方法对东河河流生境现状进行了评价，评价结果反映出东河河流生境所处的状态以及导致该河流生境退化的根本原因。目前国内对河岸带自然生境恢复的评价刚刚起步，有关河岸带自然生境调查和评价方法的研究也处于探索阶段。

1.2 河岸带自然生境评价的研究进展

1.2.1 河岸带自然生境评价国外的研究进展

国外对河流河岸带自然生境的研究开展较早，关于河流及河岸带自然生境评价的研究也较多，其中典型的评价方法包括澳大利亚的溪流状态指数法（ISC）、河岸质量指数法（RQI）和河岸带质量特征法（QBR）、南非的河流健康计划（RHP）和栖息地完整性指数法（IHI）等、英国的河流生境调查法（RHS）以及美国的快速生物评价方案（RBPs）等，具体评价指标见表 1.1[19-23]。

表 1.1 国外典型河流河岸带自然生境评价方法

评价方法	国家	评价指标
ISC	澳大利亚	包括河岸植被带宽度、外来植被的覆盖率、河岸植被的纵向连续性和河岸稳定性等指标
RQI	澳大利亚	根据水文和地貌条件，考虑了包括河岸条件和生境质量、河岸面积的横向尺度、河岸植被的覆盖率、木质树种再生、横向连通性、河岸土壤的渗透性、基质和地形的垂直连通性等指标
QBR	澳大利亚	评价体系中包含 4 个子指标：河道变化情况、河岸带植物群落覆盖结构、河岸带植被覆盖率以及植被覆盖质量
IHI	南非	包含水流调节、河流形态改变、河岸带植被的去除、外来植物入侵等主要干扰因素指标
RHP	南非	从鱼类、植被覆盖情况、水质、水文等方面评价河流生态系统状况
IHIS	南非	包括植被、底质、河流物理条件以及大型无脊椎动物等河流生境相关指标
RHS	英国	主要包括河岸特征、河岸植被结构等相关指标
RBPs	美国	包括河岸植被宽度、河岸植被覆盖率、河岸植被保护以及河岸稳定性等相关指标

Keesstra S D 等[24]为了评估河流现状以及河流周围地貌和植被的变化，提出了一种新方法，即通过建立模型来描述河流状态、河道形态、河岸侵蚀特征和植被类型等，并可以在短时间内对较大河段进行评估。Parsons M 等[25]以生境栖息地预测模型为基础，提出了新的栖息地评估方案，同时引入了河流生境评估的物理学和生物学的观点，为评估不同治理级别的河流生境条件提供标准化工具。Grizzetti B 等[26]提出了欧洲尺度上与河流生境相关的生态系统服务评估，分析了生境条件与生态系统之间的关系，为河流管理提供了借鉴。Janssen P 等[27]通过研究一条高度退化的河流评估了河岸带植物的生长状况，同时评估了恢复措施对河岸植物群落结构产生的影响情况，其评价结果可以有效促进植被恢复及河岸带生境恢复。Fukuda S 等[28]建立了考虑水深和流速的二维水动力模型，发现水动力模型能够准确地模拟河流生境条件，该模型可用来评估各种类型河流并改善河流生

境状况。

在相关研究中，研究者认为生物指标对河岸带自然生境评估具有重要作用，其主要包括植物指标、微生物指标及动物指标等，生物指标可正确评估河岸生态系统[29]。Hale R 等[30]指出，河岸带的恢复可阻止或逆转河岸带的退化，同时也可以避免河岸带所引起的生态系统功能的丧失，他们通过野外试验，评估了澳大利亚东南部河流河岸带的植被恢复和土壤恢复状况，以明确河岸带植被恢复和土壤恢复规律。Diehl R M[31]通过开发建模框架评估河岸带生态系统对河流功能的影响，其模型可以预测河岸带自然生境植物群落的存在、植被覆盖率以及地形对河流的影响。Blumetto O 等[32]建立了包含植被结构、植物种类、土壤以及河岸 4 个方面的生态系统完整性指数（EII），用来评估特定的生态系统。Arman 等[33]根据各种物理化学、河流特征和河岸带自然生境质量标准确定将 4 条河流作为评价对象，通过建立大型无脊椎动物的生物完整性指数（MIBI）以及生物标准进行河流以及河岸带的评价，可为有效管理河流生态系统提供必要信息。Janssen P 等[34]基于主成分分析建立了反映河岸稳定结构的河岸带自然生境质量指数，研究了土壤生物多样性工程技术，其研究结果表明陆生和水生生物的生物多样性越高，河岸带的自然生境质量就越好。Tian G L 等[35]通过评估土壤的微生物种群从而评估河岸带恢复的效果，并研究了放牧对河岸带土壤微生物的影响，此研究为河岸带自然生境的恢复管理提供了理论基础。Alemu T 等[36]为了评估和监测河流，开发了一种基于植物的河岸生物完整性指数（RIBI），RIBI 可成为今后评价和监测河流生态系统以及评价河流恢复影响的有用工具。

1.2.2 河岸带自然生境评价国内的研究进展

国内关于河岸带自然生境评价的研究起步较晚，目前还没有完善的评价指标体系和评价方法对河岸带自然生境状况进行评价，而河流生境评价在国内较为常见。吴阿娜[37]以上海为研究区域，科学构建了基于河流的水文特征、形态结构、理化指标、生物指标以及河岸带的河流健康状况评价指标体系，并以丽娃河为实例对其河流现状进行了评估，指出了制约河流生态系统的重要因素。王琼等[38]以层次分析法为基础，对蒲河流域的生境质量构建了评价指标体系，对蒲河流域 25 个河段的生境状况进行了评价，并对生境质量指数与水质指标进行了相关性分析，为改善蒲河流域生境质量提供了科学依据。Jiang X 等[39]从生态系统结构和功能的角度选取了 21 个指标，建立了河流评价的指标体系，提出了一种基于集对分析（SPA）和象限法的河流生态系统结构和功能综合评价的数学方法，从生态系统的角度得出评价值，评价结果阐明了凉水河生态系统存在的缺陷。Yang T 等[40]将生境复杂性、岸坡侵蚀程度、人类活动强度、植被缓冲带宽度等作为河流生境评价的指标，建立了渭河流域生境质量综合指数（CHQI）。刘华等[41]根据研究区域河流实际特点，建立了适用于太湖流域宜兴片河流的栖息地评价指标体系，对 42 个采样点进行了生境评价。曾鹏[42]参考并修正了 RHS，以流域特点为基础建立了太湖流域河段生境质量指数（SHQI），该评价体系反映了河流生境现状并为太湖流域河流生境修复提供了参考。萨茹拉[43]根据北京市妫水河生境受损状况建立了适宜的河流生境评价指标体系，并对其生境质量进行了评价，评价结果为妫水河受损生境的修复与治理提供了依据。张柱[44]通过构建包含河流水文及形态特征、水质指标、水生生物群落指标、河岸带植被状况的综合指标体系，应用综合指数法评价了袁河生态系统健康状况，其评价结果为流域的管理及可持续发展提供了有益借鉴。茹彤[45]为明确沣河流域生境现状，根据河流特征建立了包含 13 个指标的河流生境评价指标体系，基于 RHS 调查了河流生境状况并对沣河生境质量进行有效评价，找出了流域存在的问题并提供了解决办法。闵梦月[9]在实地考察的基础上，以流域特征为基础，建立了适宜的河流生境评价指标体系及方法，对清漠河河流生境质量进行了评估，并针对清漠河流域生境现状及存在的问题提出针对性意见和建议，为清漠河生境恢复提供了理论基础。佟星星[10]建立了伊通河生境质量评价指标体系（Y-RHA），该体系包括河道水体性质、植被状况、河岸带状态、河道连通性、底质和土地利用类型等 10 个指标，并对伊通河的河流状态进行了评价。胡金[46]基于物理指标、化学指标及生物指标建立了适合淮河流域生境质量的指标体系，该指标体系包含河岸带形态、大型无脊椎动物以及着生藻类等 6 个方面的指标，并对淮河流域进行了水生态健康评价，探讨不同区域特征并提出了具有针对性的保护建议。赵伟华等[47]利用综合指数法，通过底质类型、岸坡稳定性、河岸植被覆盖度和栖息地类型多样性等 8 个指标建立了评价指标体系，并对向家坝蓄水前后的物理完整性情况进行了评价，其评价结果可为长江干流流域生态修复与治理提供借鉴。Meng W 等[48]结合我国北方河流生态系统特点，在改进 Barbour 系统的基础上建立了包括基质、岸坡稳定性、生境复杂性、速度-深度、人类活动强度、水认知及土地利用、植被多样性、植被覆盖率、河岸保护 10 个参数的生境评价指标体系。陈淼[49]为评估三峡水库的河流生境，运用层次分析法与熵权法相结合的形式构建了评价指标体系，从河岸带自然生境、河流形态和水文状况角度选取了 18 个评价指标。尹津航等[50]采用模糊综合评判法，对研究区域的生态环境状况进行了评价，其评价结果反映了评价区域的生态系统现状，可以为地区的河流河岸生态环境治理提供理论基础。殷会娟等[51]运用模糊综合评价法对海河流域进行了综合评价，构建了包括水质、生物、河岸带和形态结构方面共 12 个指标的评价体系，结果表明研究区域的生态状况处于不健康状态，为改善海河流域生态环境提供借鉴。近年来，随着人们生态环境保护意识的提高，有关生态系统修复方面的研究也逐渐被重视：任朋[52]为评估北京永定河平原段生态修复效果，构建了包含社会服务功能、水环境及水生态功能的生态修复效果评价指标体系，并对流域生态修复技术进行分析，为永定河未来的修复治理提供了重要依据。王劲修等[53]以北方河岸带的特点为基础，构建了包含河岸带稳定性和植被群落结构完整性共 14 个指标的评价体系，并对山西沁河的河岸带植被群落进行了评价，研究了不同措施对植被恢复效果的影响。

第 2 章　河岸带自然生境恢复评价指标体系的构建

2.1　河岸带自然生境恢复评价指标体系的构建原则

（1）代表性：河岸带自然生境的影响因素较多，因此在对河岸带自然生境进行研究时，应从影响河岸带自然生境功能的众多因素中选择能够准确反映辽河保护区河岸带自然生境恢复特征的指标，并且所选择的评价指标需具有代表性[54]。

（2）针对性：辽河保护区河岸带自然生境恢复评价指标体系的评价对象是辽河保护区辽河干流河岸带，它承担着较多的功能和用途，构建其指标体系时必须考虑辽河的地域特征及人为因素和自然因素的影响。

（3）可比性：各指标应具有相对一致的采集和计算方法，对于不同状况的河岸带，其评价结果应当具有可比性。

（4）可操作性：指标的意义须明确并具有其独立的含义，不会因对评价指标的不同理解而导致标准不同，从而产生评价结果的误差。用于评价的指标数据应易于采集和处理，并兼顾定性描述和定量测量。

（5）综合性：河岸带自然生境恢复的影响因素包含很多方面，因此评价指标应该涵盖影响河岸带自然生境恢复状况的多个方面。

（6）适用性：涉及的评价指标体系应适用于河岸带自然生境评价，构建指标体系时应选择能够反映河岸带自然生境特征的宏观与微观相结合的指标[2]。

（7）可预测性：所选的河岸带自然生境评价指标应可以反映系统的静态状况和动态状况，根据不同阶段的评价结果预测演变趋势[2]。

2.2　河岸带自然生境恢复评价指标体系的构建方法

根据河岸带自然生境恢复评价指标体系的构建原则，综合考虑辽河干流调研情况，将辽河保护区河岸带自然生境恢复评价指标体系分为目标层、准则层和指标层 3 个层次，其评价指标体系结构如图 2.1 所示。以辽河保护区河岸带自然生境恢复评价为目标层，以河岸带自然生境的稳定功能、缓冲功能、服务功能和生物多样性为准则层，以稳定功能指标、缓冲功能指标、服务功能指标和生物多样性指标的影响因素为指标层，将各功能的影响因素细化成为评价指标。根据河岸带自然生境的概念和功能，综合分析国内外河流与河岸带评价的相关研究，初步选择一些指标为辽河保护区河岸带自然生境恢复的评价指标。通过参考文献、调研、收集国内外河流及河岸带自然生境评价方面所涉及的相关指标，初步选取了反映河岸带自然生境稳定功能、缓冲功能、服务功能和生物多样性的 63 个指标，将这些指标作为辽河保护区河岸带自然生境恢复评价的候选指标。其中，反映河岸带自然生境稳定功能方面的指标有 10 个，包括岸坡侵蚀度、河岸稳定性、底质类型、河道变化、岸坡类型、岸坡坡角、河岸带宽度、河床稳定性、栖境复杂性和斑块破碎度指数；反映河岸带自然生境缓冲功能方面的指标有 39 个，包括水质情况、土壤肥力指标、重金属含量、土壤多环芳烃（PAHs）含量、土壤酶特征、地形连通性、河道弯曲程度、湿地保留率等；反映河岸带自然生境服务功能方面的指标有 7 个，包括人类主要影响活动、水景观舒适度、休闲娱乐设施丰富度、土地利用类型、防洪类型、放牧情况和廊道连通性；反映河岸带自然生境生物多样性的指标包括植被多样性指数、植被覆盖率、微生物香农指数（Shannon-Weiner 指数）、微生物 Chao1（菌种丰富度）指数和微生物 OTUs 数量等。

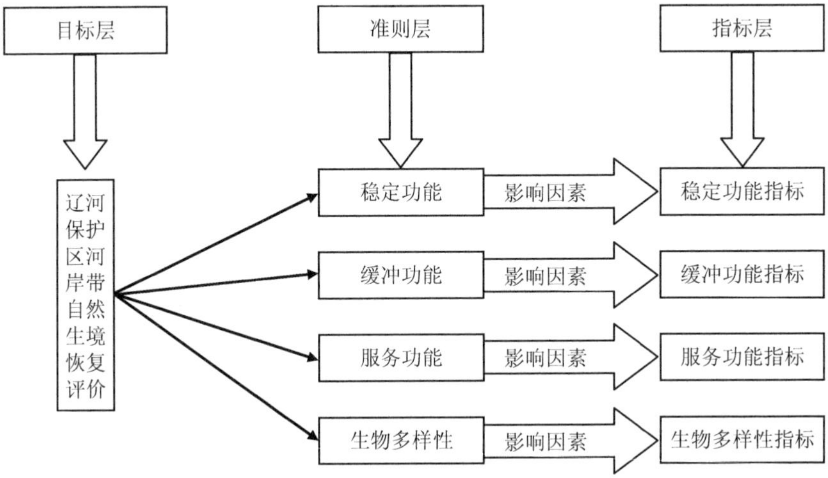

图 2.1 河岸带自然生境恢复评价指标体系层次结构

2.3 基于主成分分析的指标筛选

运用 SPSS 18.0 软件，采用主成分因子法对 63 个候选指标进行筛选，经因子载荷矩阵旋转后采用最大方差旋转法（Varimax），选取载荷值大且相对独立和重要的指标作为辽河保护区河岸带自然生境恢复现状评价的最终评价指标[55]。

2.3.1 稳定功能指标筛选

通过阅读文献初步选取 10 个辽河保护区辽河干流河岸带自然生境稳定功能指标，运用 SPSS 软件对辽河保护区河岸带自然生境的稳定功能各指标进行主成分分析，稳定功能主成分分析结果见表 2.1。考虑稳定功能的累计方差贡献率为 69.2%，通过主成分分析结果可以得出：对主成分 1 影响较大的因子为岸坡类型、河岸稳定性、河床稳定性和斑块破碎度指数，得分分别为 0.749、0.813、0.800 和 0.866；对主成分 2 影响较大的因子为底质类型，得分为 0.673；对主成分 3 影响较大的因子为河岸带宽度，得分为 0.573。因此，选取岸坡类型、河岸稳定性、河床稳定性、斑块破碎度指数、底质类型、河岸带宽度作为辽河保护区河岸带自然生境稳定功能的评价指标。

表 2.1　稳定功能候选指标筛选结果

指标	成分		
	1	2	3
Zscore（岸坡类型）	0.749	0.354	−0.066
Zscore（河岸稳定性）	0.813	0.087	−0.128
Zscore（底质类型）	0.467	0.673	0.046
Zscore（河道变化）	0.310	−0.601	0.516
Zscore（岸坡侵蚀度）	0.423	−0.454	0.192
Zscore（岸坡坡角）	0.644	−0.037	0.543
Zscore（河岸带宽度）	−0.262	0.647	0.573
Zscore（河床稳定性）	0.800	−0.138	−0.200
Zscore（栖境复杂性）	0.479	0.248	−0.023
Zscore（斑块破碎度指数）	0.866	−0.190	−0.150

2.3.2　缓冲功能指标筛选

通过运用 SPSS 18.0 软件，采用主成分分析法对辽河保护区河岸带自然生境缓冲功能评价指标进行筛选，得到的缓冲功能指标得分系数矩阵见表 2.2。

表 2.2 缓冲功能候选指标筛选结果

指标	成分											
	1	2	3	4	5	6	7	8	9	10	11	12
Zscore（水体 pH）	−0.665	0.033	−0.106	0.514	−0.204	−0.104	−0.336	0.092	0.168	0.113	−0.117	0.094
Zscore（水温）	−0.317	0.427	−0.175	−0.475	0.294	−0.163	−0.245	0.245	0.048	−0.177	0.165	0.246
Zscore（电导率）	0.156	−0.340	−0.173	−0.434	0.520	0.120	−0.012	0.184	0.325	−0.049	−0.289	0.139
Zscore（DO）	−0.594	0.378	−0.252	0.138	0.082	0.114	0.250	0.406	0.188	−0.122	0.049	0.115
Zscore（氧化还原电位）	0.668	−0.027	0.100	−0.503	0.221	0.106	0.345	−0.080	−0.154	−0.114	0.121	−0.081
Zscore（BOD_5）	−0.694	0.423	−0.028	0.321	−0.050	−0.003	0.027	0.372	0.158	0.039	−0.004	0.058
Zscore（COD）	−0.158	0.689	−0.262	0.159	−0.394	−0.192	0.174	0.127	−0.086	−0.275	−0.138	−0.109
Zscore（水体 NH_3-N）	−0.248	−0.198	0.724	0.321	0.122	−0.100	0.120	0.225	−0.019	−0.111	0.062	0.112
Zscore（水体 TP）	0.468	0.422	0.053	0.008	−0.178	0.224	−0.551	0.110	0.119	−0.204	0.263	0.031
Zscore（水体 TN）	−0.002	0.394	0.307	−0.291	0.299	−0.571	0.099	0.183	0.083	−0.040	0.165	0.121
Zscore（土壤速效氮）	0.194	0.757	0.280	0.252	0.037	−0.068	0.113	−0.040	−0.362	−0.087	0.072	−0.043
Zscore（土壤速效钾）	−0.099	0.699	−0.144	0.036	0.483	−0.030	0.057	−0.406	0.100	0.103	0.009	0.156
Zscore（土壤速效磷）	0.513	0.190	0.379	−0.328	0.049	−0.156	0.190	0.264	−0.086	0.311	−0.212	0.190
Zscore（土壤 pH）	0.384	0.271	0.672	0.089	−0.058	−0.032	0.174	0.144	0.292	0.125	0.116	−0.111
Zscore（土壤有机质）	0.051	−0.281	−0.697	0.126	0.150	0.054	0.415	−0.076	0.056	−0.137	0.240	0.087
Zscore（水体 Cd）	0.534	−0.426	0.255	0.280	−0.094	0.034	−0.150	0.324	−0.018	−0.013	0.116	−0.038
Zscore（水体 Pb）	0.316	0.681	0.323	−0.080	−0.201	−0.023	0.017	−0.132	−0.084	0.109	−0.136	−0.069
Zscore（水体 Cu）	0.524	0.179	−0.118	−0.010	0.067	−0.191	0.205	0.357	0.279	0.042	−0.338	−0.399
Zscore（水体 Zn）	−0.306	−0.089	0.382	−0.401	0.415	0.025	−0.230	−0.190	0.284	0.393	0.129	−0.098

指标	成分											
	1	2	3	4	5	6	7	8	9	10	11	12
Zscore（水体 Cr）	−0.686	0.215	−0.465	−0.213	0.018	−0.217	−0.129	0.007	−0.039	0.032	−0.157	−0.113
Zscore（水体 Ni）	0.500	−0.224	−0.005	0.133	−0.284	−0.367	0.501	−0.150	0.018	0.046	0.146	−0.073
Zscore（土壤 Cd）	0.341	−0.359	0.106	0.237	−0.442	−0.200	−0.235	0.009	−0.160	−0.064	0.272	0.322
Zscore（土壤 Pb）	0.294	0.559	−0.653	0.017	0.044	0.075	0.035	−0.079	−0.198	0.260	0.080	−0.035
Zscore（土壤 Cu）	0.737	0.250	−0.319	0.291	0.238	−0.020	−0.146	0.230	0.001	0.164	0.063	−0.032
Zscore（土壤 Zn）	0.736	0.218	−0.335	0.299	0.279	0.050	−0.068	0.225	0.056	0.146	0.071	0.083
Zscore（土壤 Cr）	0.315	−0.310	0.167	0.348	0.537	0.123	−0.174	0.020	−0.125	−0.285	0.105	−0.175
Zscore（土壤 Ni）	0.695	0.237	−0.349	0.348	0.281	0.023	−0.014	0.239	0.007	0.056	0.175	0.076
Zscore（土壤质地）	0.609	−0.121	−0.350	0.210	−0.348	0.213	0.005	−0.238	0.360	0.066	−0.224	0.006
Zscore（地形连通性）	0.026	0.209	0.020	−0.195	−0.479	−0.102	0.305	−0.084	0.526	−0.439	0.183	0.055
Zscore（湿地保留率）	0.355	0.504	0.313	−0.033	0.009	−0.014	0.071	−0.307	0.043	−0.007	−0.158	0.479
Zscore（河道弯曲程度）	−0.503	−0.134	−0.042	0.593	0.088	−0.394	0.244	−0.056	−0.097	0.239	−0.030	0.075
Zscore（土壤碱性磷酸酶）	0.010	0.109	0.384	0.399	0.008	0.587	0.120	−0.005	0.185	−0.026	−0.261	0.227
Zscore（土壤中性磷酸酶）	−0.218	0.203	0.154	−0.058	0.295	0.574	0.179	0.070	−0.113	−0.423	−0.037	−0.119
Zscore（土壤酸性磷酸酶）	0.200	0.456	0.201	0.136	0.093	−0.245	−0.347	−0.178	−0.254	−0.439	−0.350	−0.166
Zscore（土壤过氧化氢酶）	0.103	−0.006	−0.295	−0.487	−0.348	0.392	0.125	0.186	−0.375	0.058	−0.065	0.275
Zscore（土壤脲酶）	−0.657	0.156	0.163	−0.039	0.199	0.209	0.247	0.050	−0.187	0.157	0.357	−0.174
Zscore（土壤蔗糖酶）	−0.151	0.479	0.080	0.456	0.129	0.401	0.069	−0.357	0.200	0.144	0.202	−0.085
Zscore（土壤转化酶）	−0.226	0.207	0.230	−0.150	−0.502	0.446	0.075	0.327	−0.158	0.334	−0.022	−0.087
Zscore（土壤总 PAHs）	0.092	0.400	−0.053	−0.442	−0.455	0.014	−0.298	−0.034	0.231	0.094	0.298	−0.195

考虑缓冲功能的累计方差贡献率为 88.66%，通过主成分分析矩阵表可以得出：对主成分 1 影响较大的因子为土壤 Cu 含量，得分为 0.737；对主成分 2 影响较大的因子为土壤速效氮含量，得分为 0.757；对主成分 3 影响较大的因子为水体 NH_3-N 含量，得分为 0.724；对主成分 4 产生较大影响的指标是河道弯曲程度，得分为 0.593；对主成分 5 影响较大的因子是土壤 Cr 含量，得分为 0.537；对主成分 6 影响较大的因子为土壤碱性磷酸酶，得分为 0.587；对主成分 7 影响较大的因子为水体 TP 含量，得分为 0.551；由于缓冲功能包含指标较多，因此在因子分析过程中指标的影响较为分散，因子得分均小于 0.5，从而选取累加得分较大的因子作为评价指标，对主成分 8 进行分析时发现，水体 DO 和土壤速效钾含量指标累加得分高于其他指标的累加得分，因此选取水体 DO 和土壤速效钾作为评价指标，得分均为 0.406；对主成分 9 影响较大的指标为地形连通性，得分为 0.526；对主成分 10 进行分析时发现，各指标得分均未大于 0.5，选取累加得分较大的因子作为评价指标，其中地形连通性和土壤酸性磷酸酶累加得分高于其他指标累加得分；对主成分 11 进行分析时发现，指标得分也均未大于 0.5，同样选取累加得分较大的因子作为评价指标，土壤脲酶和酸性磷酸酶累加得分为 0.707，高于其他指标的累加得分，因此选取土壤脲酶和酸性磷酸酶作为评价指标；对主成分 12 影响较大的因子为湿地保留率和水体 Cu 含量，得分分别为 0.479 和 0.399。综上所述，选取土壤 Cu 含量、土壤速效氮含量、水体 NH_3-N 含量、河道弯曲程度、土壤 Cr 含量、土壤碱性磷酸酶、水体 TP 含量、土壤速效钾含量、水体 DO、地形连通性、土壤酸性磷酸酶、土壤脲酶、湿地保留率和水体 Cu 含量作为辽河保护区河岸带自然生境缓冲功能的评价指标。

2.3.3 服务功能指标筛选

通过运用 SPSS 18.0 软件，采用主成分分析法对辽河保护区河岸带自然生境服务功能候选指标进行筛选，得到的服务功能指标得分系数矩阵见表 2.3。

表 2.3　服务功能候选指标筛选结果

指标	成分		
	1	2	3
Zscore（人类主要影响活动）	0.643	−0.489	0.176
Zscore（水景观舒适度）	0.543	0.381	0.337
Zscore（休闲娱乐设施丰富度）	0.799	0.195	−0.290
Zscore（廊道连通性）	0.262	0.176	0.802
Zscore（土地利用类型）	−0.535	0.510	0.423
Zscore（防洪类型）	0.328	−0.115	0.182
Zscore（放牧情况）	0.269	0.799	−0.402

考虑服务功能的累计方差贡献率为 64.2%，因此提取 3 个主成分，同时取得分大于 0.5 的主成分。对主成分 1 影响较大的因子为休闲娱乐设施丰富度和人类主要影响活动，得分分别为 0.799 和 0.643；对主成分 2、主成分 3 影响较大的因子分别为放牧情况、廊道连通性，得分分别为 0.799 和 0.802。因此，选取人类主要影响活动、休闲娱乐设施丰富度、廊道连通性和放牧情况作为辽河保护区河岸带自然生境服务功能的评价指标。

2.3.4　生物多样性指标筛选

通过 SPSS 18.0 统计软件得到的辽河保护区河岸带自然生境恢复评价生物多样性各候选指标主成分分析结果见表 2.4。考虑生物多样性指标的累计方差贡献率为 95.95%，从表中可以看出，对主成分 1 影响较人的因子为微生物香农指数和微生物 OTUs 数量，得分分别为 0.849 和 0.867；对主成分 2 影响较大的因子为植物辛普森指数，得分为 0.797；对主成分 3 影响较大的因子是植被覆盖率，得分为 0.879；生物多样性各指标对主成分 4 的影响较为分散，得分无大于 0.5 的因子，可通过累加得分来选取评价指标，较大的影响因子是植被辛普森指数和植被均匀度指数，累加得分为 0.65。因此，选取微生物香农指数、微生物 OTUs 数量、植被辛普森指数、植被覆盖率和植被均匀度指数作为评价辽河保护区河岸带自然生境生物多样性的评价指标。

表 2.4 生物多样性候选指标主成分分析结果

指标	成分			
	1	2	3	4
Zscore（植物香农指数）	0.739	0.583	0.185	0.085
Zscore（植被辛普森指数）	0.444	0.797	0.162	−0.355
Zscore（植被均匀度指数）	0.767	0.532	−0.108	0.295
Zscore（微生物香农指数）	0.849	−0.499	0.138	−0.070
Zscore（微生物 Chao1 指数）	0.744	−0.583	0.119	−0.124
Zscore（微生物 OTUs 数量）	0.867	−0.392	0.087	0.079
Zscore（植被覆盖率）	−0.462	−0.008	0.879	0.104

2.4 构建辽河保护区河岸带自然生境恢复评价指标体系

通过运用 SPSS 18.0 软件对河岸带自然生境恢复评价指标进行筛选，得到辽河保护区河岸带自然生境恢复评价指标体系，见图 2.2。

2.5 确定指标评价标准

根据构建的辽河保护区河岸带自然生境恢复评价指标体系，确定各指标的评价标准，指标标准的选择依据以下几个方面：

（1）国家标准

国家标准主要包括《土壤环境质量　农用地土壤污染风险管控标准（试行）》（GB 15618—2018）和《地表水环境质量标准》（GB 3838—2002）。

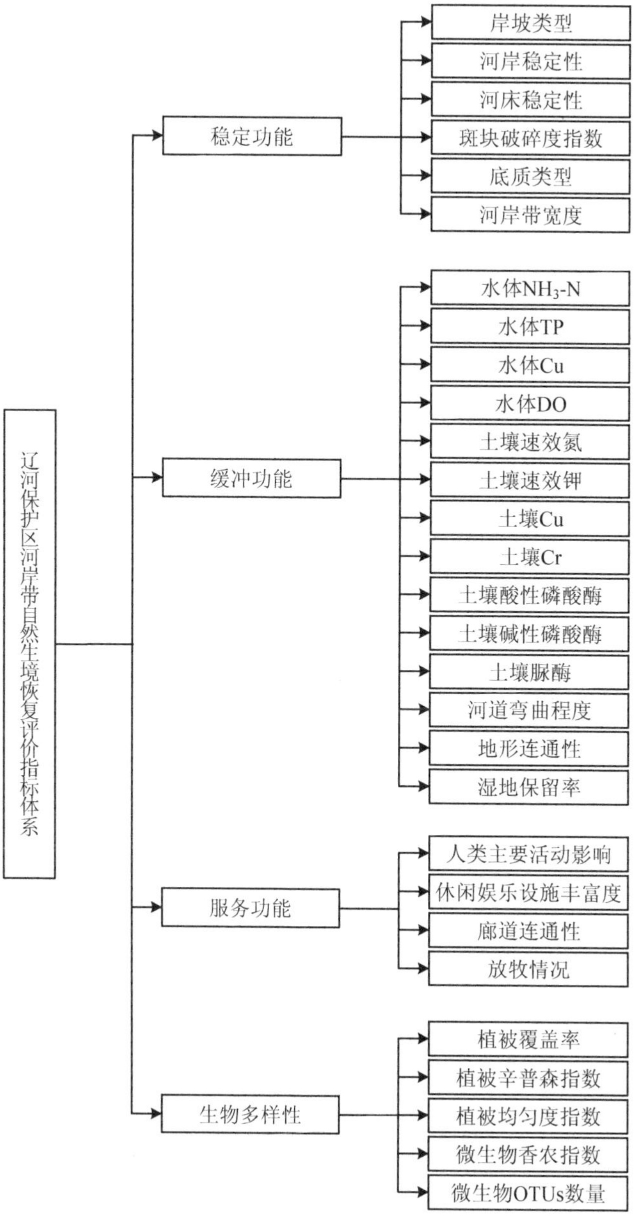

图 2.2　辽河保护区河岸带自然生境恢复评价指标体系

（2）行业标准

对于一些没有国家标准的特定指标，可以参考本行业内的相关指标评价标准，如《全国第二次土壤普查养分分级标准》等。

（3）辽河保护区的本底值和背景值、学者相关研究等

可以将辽河流域环境的本底值和背景值作为评价标准;对一些无国家标准和行业标准的指标，可以借鉴本领域各学者相关研究成果。

各级评价指标可采用优（Ⅰ）、良（Ⅱ）、中等（Ⅲ）、较差（Ⅳ）和差（Ⅴ）5 个级别进行描述，分别对应的分值为 5 分、4 分、3 分、2 分和 1 分。辽河保护区河岸带自然生境恢复评价指标体系中稳定功能、缓冲功能、服务功能以及生物多样性各指标的评价标准分别见表 2.5～表 2.8。

表 2.5 辽河保护区河岸带自然生境稳定功能评价标准

指标	评价标准					参考文献
	优（Ⅰ）	良（Ⅱ）	中等（Ⅲ）	较差（Ⅳ）	差（Ⅴ）	
岸坡类型	自然原型	近自然型	抛石、土坡低挡墙、混凝土栅格植被	堆石、浆砌石块、干砌石块	混凝土	[56]
河岸稳定性	河岸很稳定，观察范围内未受到侵蚀损害	河岸较稳定，观察范围内受到侵蚀损害较轻	河岸一般稳定，观察范围内受到侵蚀损害程度小于 50%	河岸不稳定，观察范围内受到侵蚀损害程度为 50%～80%	河岸极不稳定，观察范围内受到侵蚀损害程度大于 80%	[7]
河床稳定性	无明显淤积或退化，河床稳定	—	中等程度的淤积或退化，河床较不稳定	—	严重淤积或退化，河床极不稳定	[56]
斑块破碎度指数	$N\leqslant0.2$	$0.2<N\leqslant0.4$	$0.4<N\leqslant0.6$	$0.6<N\leqslant0.8$	$N>0.8$	[57]
底质类型	80%以上为鹅卵石、大石、碎石，其余为细沙等沉积物	60%～80%为鹅卵石、大石、碎石，其余为细沙等沉积物	40%～60%为鹅卵石、大石、碎石，其余为细沙等沉积物	20%～40%为鹅卵石、大石、碎石，其余为细沙等沉积物	鹅卵石、大石、碎石少于 20%，其余多为细沙等沉积物	[7]
河岸带宽度/m	90～100	80～90	70～80	50～70	<50	[58]

表 2.6　辽河保护区河岸带自然生境缓冲功能评价标准

指标	评价标准					参考文献
	优（Ⅰ）	良（Ⅱ）	中等（Ⅲ）	较差（Ⅳ）	差（Ⅴ）	
水体 NH_3-N/（mg/L）	≤0.015	≤0.5	≤1.0	≤1.5	≤2.0	《地表水环境质量标准》（GB 3838—2002）
水体 TP/（mg/L）	≤0.02	≤0.1	≤0.2	≤0.3	≤0.4	《地表水环境质量标准》（GB 3838—2002）
水体 Cu/（mg/L）	≤0.01	≤1.0	≤1.0	≤1.0	≤1.0	《地表水环境质量标准》（GB 3838—2002）
水体 DO/（mg/L）	≥7.5	5～7.5	3～5	2～3	≤2	《地表水环境质量标准》（GB 3838—2002）
土壤速效钾/（mg/kg）	＞200	150～200	100～150	50～100	＜50	全国第二次土壤普查养分分级标准
土壤速效氮/（g/kg）	≥2.0	1.5～2.0	1.0～1.5	0.5～1.0	＜0.5	全国第二次土壤普查养分分级标准
土壤 Cu/（mg/kg）	≤35	35～50	50～100	50～100	100～400	《土壤环境质量　农用地土壤污染风险管控标准（试行）》（GB 15618—2018）
土壤 Cr/（mg/kg）	≤90	90～250	250～300	300～350	350～500	《土壤环境质量　农用地土壤污染风险管控标准（试行）》（GB 15618—2018）
土壤酸性磷酸酶	45～50	40～45	30～40	20～30	＜20	[56]
土壤碱性磷酸酶	≥60	50～60	40～50	30～40	≤30	[59]
土壤脲酶	≥1 000	900～1 000	800～900	700～800	≤700	[59]
河道弯曲程度	＞3	3	2	1	0	[56]
地形连通性	0.1～0.5	0.5～0.9	0.9～1.3	1.3～1.8	＞1.8	[60]
湿地保留率/%	＞30	20～30	10～20	5～10	＜5	[56]

表 2.7　辽河保护区河岸带自然生境服务功能评价标准

指标	评价等级					参考文献
	优（Ⅰ）	良（Ⅱ）	中等（Ⅲ）	较差（Ⅳ）	差（Ⅴ）	
人类主要活动影响	少量人类活动	少量自行车和步行者通过	较多自行车和步行者通过	少量机动车通过	交通要道、大量机动车通过	[7]
休闲娱乐设施丰富度	≥5	3～4	2	1	0	[56]
廊道连通性	畅通	仅有少量障碍物	中断 1～2 次	中断 3～5 次	中断 5 次以上	[56]
放牧情况	无	一侧有，较少	一侧有，较多	两侧均较少	两侧均较多	[61]

表 2.8　辽河保护区河岸带自然生境生物多样性评价标准

指标	评价等级					参考文献
	优（Ⅰ）	良（Ⅱ）	中等（Ⅲ）	较差（Ⅳ）	差（Ⅴ）	
植被覆盖率/%	≥80	60～80	40～60	10～40	≤10	[56]
植被辛普森指数	0.8～1	0.6～0.8	0.4～0.6	0.2～0.4	≤0.2	[62]
植被均匀度指数	≥0.8	0.7～0.8	0.6～0.7	0.5～0.6	≤0.5	[62]
微生物香农指数	≥10	9.5～10	9.0～9.5	8.5～9.0	≤8.5	[63]
土壤微生物 OTUs 数量	≥2 600	2 200～2 600	1 900～2 200	1 500～1 900	≤1 500	[63]

2.6　层次分析法确定指标权重

在河岸带自然生境恢复评价中，各评价指标对河岸带自然生境恢复的作用不同，即每个指标的权重会对评价结果产生直接影响。为了减小评价结果的差异性，需要对各指标进行赋权，以体现各指标在河岸带自然生境恢复评价指标体系中的不同地位和重要程度。因此，合理确定各指标的权重系数对评估辽河保护区河岸带自然生境恢复具有重要意义。

层次分析法（AHP）是由美国学者率先提出的，它是定量与定性相结合的一种多指标评价的决策方法。层次分析法填补了以往定性问题不可量化的缺陷，通过层次分析法对评价指标进行赋权可以使权重的分配更加合理。同时，运用层次分析法对评价指标赋权也提高了评价的准确性。因此，为了更加准确地了解辽河保护区河岸带自然生境恢复评价状态，本研究通过邀请专家打分、采用成熟的层次分析法计算得到各评价指标的权重。运用层次分析法关键步骤如下：明确各指标因子之间的关系（专家打分法）→建立指标因子之间的递阶层次结构→明确各级之间的隶属关系→根据指标权重分级比例标度（表 2.9）构建判断矩阵。

表 2.9　层次分析法分级比例标度参考表

赋值	说明
1	表示指标 X_i 与 X_j 相比，具有重要性相等
3	表示指标 X_i 与 X_j 相比，指标 X_i 比 X_j 稍重要
5	表示指标 X_i 与 X_j 相比，指标 X_i 比 X_j 明显重要
7	表示指标 X_i 与 X_j 相比，指标 X_i 比 X_j 强烈重要
9	表示指标 X_i 与 X_j 相比，指标 X_i 比 X_j 极端重要
2、4、6、8	对应以上两相邻判断的中间情况
倒数	表示 X_i 与 X_j 比较可判断 a_{ij}，则 X_j 与 X_i 比较可判断 $a_{ji}=1/a_{ij}$

2.6.1　构建判断矩阵

通过专家打分法构建辽河保护区河岸带自然生境恢复评价指标权重判断矩阵，共邀请 10 位权威专家参加打分，每位专家给出每个评价指标的权重值，最后对所有专家给出的权重值进行汇总，将各指标的权重系数进行整理和计算，得出判断矩阵如下：

（1）河岸带自然生境各功能相对辽河保护区河岸带自然生境恢复评价的重要程度判断矩阵如表 2.10 所示。

表 2.10 准则层相对目标层判断矩阵

	稳定功能	缓冲功能	服务功能	生物多样性
稳定功能	1	1	4	3
缓冲功能	1	1	4	3
服务功能	1/4	1/4	1	1/2
生物多样性	1/3	1/3	2	1

（2）稳定功能各指标相对稳定功能重要程度判断矩阵如表 2.11 所示。

表 2.11 稳定功能各指标相对稳定功能重要程度判断矩阵

	岸坡侵蚀度	河岸稳定性	河床稳定性	斑块破碎度指数	底质类型	河岸带宽度
岸坡侵蚀度	1	2	1	2	3	1
河岸稳定性	1/2	1	1/2	1	2	1/2
河床稳定性	1	2	1	2	3	1
斑块破碎度指数	1/2	1	1/2	1	2	1/2
底质类型	1/3	1/2	1/3	1/2	1	1/3
河岸带宽度	1	2	1	2	3	1

（3）缓冲功能各指标相对缓冲功能重要程度判断矩阵如表 2.12 所示。

表 2.12 缓冲功能各指标相对缓冲功能重要程度判断矩阵

	土壤 Cu	土壤速效氮	水体 NH_3-N	河道弯曲程度	水体 TP	土壤 Cr	土壤速效钾	水体 DO	湿地保留率	地形连通性	水体 Cu	土壤脲酶	土壤酸性磷酸酶	土壤碱性磷酸酶
土壤 Cu	1	1/3	1/2	1/2	1/3	1	1/3	1/2	1/4	1/4	1	2	1	1
土壤速效氮	3	1	2	2	1	3	1	2	1/2	1/2	3	4	3	3
水体 NH_3-N	2	1/2	1	1	1/2	2	1/2	1	1/3	1/3	2	3	2	2
河道弯曲程度	2	1/2	1	1	1/2	2	1/2	1	1/3	1/3	2	3	2	2
水体 TP	3	1	2	2	1	3	1	2	1/2	1/2	3	4	3	3
土壤 Cr	1	1/3	1/2	1/2	1/3	1	1/3	1/2	1/4	1/4	1	2	1	1
土壤速效钾	3	1	2	2	1	3	1	2	1/2	1/2	3	4	3	3

	土壤Cu	土壤速效氮	水体NH_3-N	河道弯曲程度	水体TP	土壤Cr	土壤速效钾	水体DO	湿地保留率	地形连通性	水体Cu	土壤脲酶	土壤酸性磷酸酶	土壤碱性磷酸酶
水体 DO	2	1/2	1	1	1/2	2	1/2	1	1/3	1/3	2	3	2	2
湿地保留率	4	2	3	3	2	4	2	3	1	1	4	5	4	4
地形连通性	4	2	3	3	2	4	2	3	1	1	4	5	4	4
水体 Cu	1	1/3	1/2	1/2	1/3	1	1/3	1/2	1/4	1/4	1	2	1	1
土壤脲酶	1/2	1/4	1/3	1/3	1/4	1/2	1/4	1/3	1/5	1/5	1/2	1	1/2	1/2
土壤酸性磷酸酶	1	1/3	1/2	1/2	1/3	1	1/3	1/2	1/4	1/4	1	2	1	1
土壤碱性磷酸酶	1	1/3	1/2	1/2	1/3	1	1/3	1/2	1/4	1/4	1	2	1	1

（4）服务功能各指标相对服务功能重要程度判断矩阵如表 2.13 所示。

表 2.13　服务功能各指标相对服务功能重要程度判断矩阵

	人类主要影响活动	休闲娱乐设施丰富度	廊道连通性	放牧情况
人类主要影响活动	1	2	1	2
休闲娱乐设施丰富度	1/2	1	1/2	1
廊道连通性	1	2	1	2
放牧情况	1/2	1	1/2	1

（5）生物多样性各指标相对生物多样性重要程度判断矩阵如表 2.14 所示。

表 2.14　生物多样性各指标相对生物多样性重要程度判断矩阵

	植被覆盖率	植被辛普森指数	植被均匀度指数	微生物香农指数	微生物 OTUs 数量
植被覆盖率	1	3	3	4	4
植被辛普森指数	1/3	1	1	2	2
植被均匀度指数	1/3	1	1	2	2
微生物香农指数	1/4	1/2	1/2	1	1
微生物 OTUs 数量	1/4	1/2	1/2	1	1

2.6.2 计算权重

各判断矩阵指标权重计算步骤如下：

（1）计算矩阵中各行元素乘积 $\overline{b_i}$

$$\overline{b_i} = \prod_{j=1}^{n} a_{ij}(i, j = 1,2,3,\cdots,n) \tag{2.1}$$

（2）计算 $\overline{b_i}$ 的 n 次方根 b_i

$$b_i = \sqrt[n]{\overline{b_i}} \tag{2.2}$$

（3）对向量 $b_i = (b_1, b_2, \cdots, b_n)^T$ 做归一化处理

$$w_i = b_i / \sum_{i=1}^{n} b_i \tag{2.3}$$

则 w_i 即为所求指标的权重系数。

（4）计算判断矩阵的最大特征根 λ_{max}

$$\lambda_{max} = \frac{1}{n}\sum_{i=1}^{n}\frac{\sum_{j=1}^{n} a_{ij} w_j}{w_i} \tag{2.4}$$

2.6.3 一致性检验计算及指标权重确定

一致性检验计算公式如下：

$$\mathrm{CR} = \mathrm{CI} / \mathrm{RI} \tag{2.5}$$

$$\mathrm{CI} = (\lambda_{max} - n)\frac{1}{n-1} \tag{2.6}$$

式中：RI——一致性指标（具体数值见表 2.15）；

λ_{max}——判断矩阵的最大特征值；

n——矩阵阶数。

表 2.15　层次分析法平均随机一致性指标

n	4	5	6	14
RI	0.9	1.12	1.26	1.58

若 CR≤0.10，则认为该判断矩阵符合一致性检验条件并且通过检验，否则需调整判断矩阵。经检验，准则层相对目标层判断矩阵 λ_{max}=4，CR=0≤0.10；稳定功能各指标相对稳定功能重要程度判断矩阵 λ_{max}=6.014，CR=0.002 2≤0.10；缓冲功能各指标相对缓冲功能重要程度判断矩阵 λ_{max}=14.11，CR=0.005 19≤0.10；服务功能各指标相对服务功能重要程度判断矩阵 λ_{max}=4，CR=0≤0.10；生物多样性各指标相对生物多样性重要程度判断矩阵 λ_{max}=5.026，CR=0.005 9≤0.10，因此，准则层判断矩阵和指标层判断矩阵均具有满意的一致性。其层次总排序中 $CI_{总}$=0.031 6、$RI_{总}$=1.873 0、$CR_{总}=CI_{总}/RI_{总}$=0.016 9≤0.10，则层次总排序也通过一致性检验，由此最终得出辽河保护区河岸带自然生境恢复评价指标权重（表 2.16）。

表 2.16　辽河保护区河岸带自然生境恢复评价指标权重

准则层	指标层	权重
稳定功能（0.385 4）	岸坡类型	0.229 8
	河岸稳定性	0.120 5
	河床稳定性	0.229 8
	斑块破碎度指数	0.120 5
	底质类型	0.069 6
	河岸带宽度	0.229 8
缓冲功能（0.385 4）	水体 NH_3-N	0.054 2
	水体 TP	0.093 9
	水体 Cu	0.031 2
	水体 DO	0.093 9
	土壤速效钾	0.093 9
	土壤速效氮	0.093 9
	土壤 Cu	0.031 2

准则层	指标层	权重
缓冲功能（0.385 4）	土壤 Cr	0.031 2
	土壤酸性磷酸酶	0.031 2
	土壤碱性磷酸酶	0.031 2
	土壤脲酶	0.054 2
	河道弯曲程度	0.054 2
	地形连通性	0.152 8
	湿地保留率	0.152 8
服务功能（0.087 1）	人类主要活动影响	0.333 3
	休闲娱乐设施丰富度	0.166 7
	廊道连通性	0.333 3
	放牧情况	0.166 7
生物多样性（0.142 2）	植被覆盖率	0.452 7
	植被辛普森指数	0.177 5
	植被均匀度指数	0.177 5
	微生物香农指数	0.096 2
	微生物 OTUs 数量	0.096 2

2.7 本章小结

（1）本章通过阅读相关文献和资料确定了河岸带自然生境评价指标体系的构建原则和构建方法，从辽河保护区地域特征、人为因素及河岸带自然生境本身的特点出发，初步选取了反映河岸带自然生境稳定功能指标 10 个、缓冲功能指标 39 个、服务功能指标 7 个、生物多样性指标 7 个，并通过 SPSS 18.0 软件利用主成分分析法筛选出代表河岸带自然生境稳定功能的评价指标 6 个、代表缓冲功能的评价指标 14 个、代表服务功能的评价指标 4 个、代表生物多样性的评价指标 5 个。

（2）通过参照国家标准、行业标准及学者相关研究等制定了适宜辽河保护区河岸带自然生境恢复评价的评价标准。

（3）为体现各评价指标在河岸带自然生境指标体系中的重要程度、提高辽河保护区河岸带自然生境恢复评价结果的科学性和准确性，本书邀请 10 位专家对各指标独立打分，从而构建了评价指标权重的判断矩阵并利用层次分析法确定了辽河保护区河岸带自然生境恢复评价指标的权重，构建了实用可行的辽河保护区河岸带自然生境恢复评价指标体系。

第 3 章　辽河保护区辽河干流河岸带自然生境现状调研

3.1　研究区域概况

辽河是我国七大河流之一，发源于河北省，流经内蒙古自治区、吉林省，经辽宁省盘锦市汇入渤海。辽河流域既是我国重要的粮食基地，也是东北地区工业发展的核心[64]。辽河是辽宁人民的母亲河，承载着辽宁省经济社会发展的巨大压力。辽河流域河流全长约为 1 345 km，其中辽河干流（铁岭昌图县福德店至辽河入海口）全长约为 538 km，占地面积约为 69 200 km^2，地理位置处于北纬 40°28′～43°30′，东经 121°16′～125°20′[65]。辽河干流所在区域属半干旱半湿润性季风气候，年降水量为 300～1 100 mm，且降水量分布不均匀并因季节变化存在显著差异，冬季降水量仅占降水总量的 2.75%，而 65%以上的降水集中在夏季（6—9 月）[66,67]。辽河干流沿岸人口密度大，工业、农业废水及生活污水的排放导致辽河干流水生态环境严重退化，工业、农业的迅速发展也导致了辽河干流河岸带被过度开垦，从而使河岸带的生物多样性受到威胁[57]。为解决辽河干流存在的生态环境问题，2010 年辽宁省设立了辽河保护区，它是中国第一个以河流保护为目的成立的保护区[68]。通过“十二五”水专项辽河项目相关的河道整治综合修复技术、自然封育技术、退耕还草还林、河岸带生态修复技术的实施，辽河保护区河流水质明显改善，生物多样性显著增加。但辽河保护区目前仍存在河岸带坡体失稳、水土流失、面源污染、外来物种入侵等问题，河岸生态功能、河岸带土地利用结构仍需进一步提升。

3.2　样品采集与处理

3.2.1　选取采样点

根据辽河流域的气候特征、经济、农业、水域范围以及辽河保护区实施的人工强化措施和自然封育管理情况[68]，结合原有的监测断面，综合考虑城镇分布、城市行政边界、支流汇入等情况[69]，研究者在辽河保护区辽河干流选取了 23 个具有代表性的区域作为本研究的采样点，其中上游选取了 7 个采样点（Z1：福德店；Z2：老山头；Z3：龙王庙；Z4：西古城子；Z5：后施家堡；Z6：双安桥；Z7：汎河口）；中游选取了 9 个采样点（Z8：朱尔山；Z9：石佛寺水库；Z10：马虎山大桥；Z11：巨流河；Z12：毓宝台；Z13：皂角树；Z14：老大房；Z15：满都户；Z16：红庙子）；下游选取了 7 个采样点（Z17：大张桥；Z18：三道桥；Z19：冷东大桥；Z20：林丰大桥；Z21：曙光公路橡胶坝；Z22：赵圈河；Z23：辽河入海口）。对每个采样点通过 GPS 定位仪进行了经纬度定位、绘制。采样点布设情况如图 3.1 所示。

3.2.2　样品采集

2019 年 6 月研究者进行样品采集，水体样品采集使用准备好的储水器，在河道中心位置取水面以下 0.5 m 水样，每个监测样点进行多点采集，然后将水体样品混合，并现场测定水体的溶解氧（DO）、电导率、氧化还原电位（Eh）、温度、酸碱度（pH），样品采集后运回实验室并取部分样品冷藏保存[70]。土壤样品使用“五点采样法”进行采集，样品取自 0～20 cm 的表层土壤，土壤采集后取部分样品放入冰箱保存（运回实验室后冷藏保存），剩余样品常温保存。土壤样品运回实验室后，放置在阴凉通风处自然风干，然后研磨、过筛、贮存于自封袋中备用[71]。

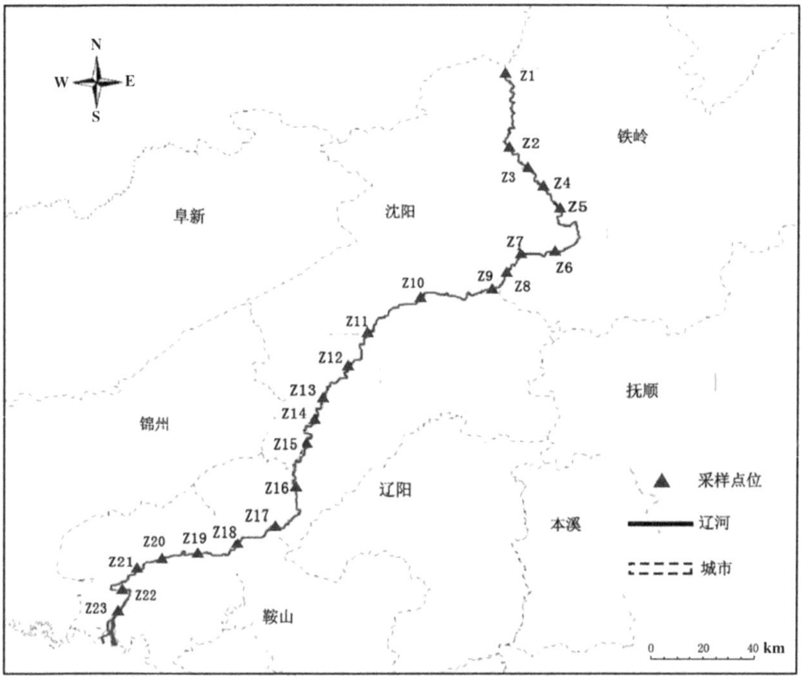

图 3.1 辽河干流采样点分布

3.3 研究方法

3.3.1 测试方法

（1）土壤及水体样品的测定

①重金属含量：镉（Cd）、铜（Cu）、锌（Zn）、铬（Cr）、镍（Ni）采用原子吸收分光光度计法（Spectr AA220）进行测定；铅（Pb）采用石墨炉原子吸收分光光度计（Varian AA220）进行测定。

②土壤养分指标（速效氮、速效磷、速效钾、有机质、pH）采用 TRF-4A 高

智能土壤测试仪进行测定。

③水体 COD_{Cr}、速效氮、速效磷、速效钾采用哈纳 COD 速测仪（HI83224）进行测定。

④水体 BOD_5、DO、pH、水温、Eh、电导率采用哈希多参数水质分析仪（HQ40d）进行测定。

⑤土壤多环芳烃（Polycyclic Aromatic Hydrocarbons，PAHs）采用高效液相色谱—荧光检测仪（Agilent 1100）进行测定。

（2）植物多样性调查

2019 年 6 月研究者进行植被调研。在辽河干流河岸带每个采样点设置 20 m×20 m 的样地，在样地的中心和四角分别设置 1 m×1 m 的草本植被样方，统计每个样方中出现的物种，并记录其株高、株数和盖度[72]。植物多样性体现了植物群落的发展趋势以及各植物物种的数量分布的均匀性，本次研究具体的植物多样性指数计算方法如下[61]。

香农指数（H'）：

$$H' = -\sum_{i=1}^{s} P_i \ln P_i \tag{3.1}$$

辛普森指数（D）：

$$D=1-\sum_{i=1}^{s} P_i^2 \tag{3.2}$$

均匀度指数（J'）：

$$J' = H' / \ln S \tag{3.3}$$

式中：P_i——种 i 的重要值；

S——样地中的物种数目。

其中重要值（I_{vsh}）的计算方法如下：

$$I_{vsh} = \frac{1}{3}（相对密度+相对盖度+相对高度） \tag{3.4}$$

式中：相对密度= 每个种的密度/所有种的密度之和×100%；

相对高度= 每个种的所有个体高度之和/所有种的个体高度之和×100%；

相对盖度= 每个种的盖度/所有种的盖度之和×100%。

（3）土壤微生物测定

微生物高通量测序分析克服了传统方法检测范围较小、操作复杂、识别的细菌群落丰度相对较低且成本高等缺点，具有通量高、灵敏度好、操作简单、速度快、成本低等优点[73]。因此，本研究选择高通量测序分析对辽河保护区河岸带自然生境土壤微生物进行测定。具体实验过程为：

①利用 1%的琼脂糖凝胶电泳检测抽提基因组 DNA 并进行基因组 DNA 提取。

②按指定测序区域，将带有 Barcode 的特异引物或带有错位碱基的融合引物合成；各样本进行 3 次重复实验，用 2%的琼脂糖凝胶电泳对同一样本的 PCR 产物的混合物进行检测，使用 AxyPrepDNA 凝胶回收试剂盒（AXYGEN 公司）切胶回收 PCR 产物，然后进行 Tris-HCl 洗脱；用 2%的琼脂糖凝胶电泳进行检测。

③构建测序文库。

④完成上机测序。

⑤进行数据处理与分析[74]。

微生物细菌 Chao1 指数和香农指数计算公式如下：

Chao1 指数：

$$\text{Chao1} = \text{Sobs} + n_1(n_1 - 1) / 2(n_2 + 1) \tag{3.5}$$

式中：Chao1——估计的 OTU 数；

Sobs——观测到的 OTU 数；

n_1——只有一条序列的 OTU 数目；

n_2——只有两条序列的 OTU 数目。

香农指数（H）：

$$H = -\sum (P_c)(\ln P_c) \tag{3.6}$$

式中：P_c——样品中属于第 i 种的个体的比例。

（4）土壤酶活性测定

①酸性磷酸酶、中性磷酸酶、碱性磷酸酶采用磷酸苯二钠比色法进行测定；

②脲酶采用苯酚钠-次氯酸钠比色法进行测定；

③过氧化氢酶采用高锰酸钾滴定法进行测定；

④蔗糖酶采用3,5-二硝基水杨酸比色法进行测定[75]。

3.3.2 数据处理与分析

采用SPSS 18.0和Microsoft Office Excel 2007软件进行数据处理与分析，采用Origin 2019绘制图形。

3.4 调研结果

3.4.1 稳定功能调研结果

辽河保护区辽河干流23个采样点的河岸带稳定功能现场调研情况见表3.1，根据现场调研情况可以得出：辽河保护区河岸带的岸坡类型属于自然原型的有10个，属于近自然原型的有9个，其他采样点的岸坡有堆石、石笼护坡等人为防护措施；辽河流域河岸带岸坡均有不同程度的侵蚀，其中侵蚀较小、处于稳定状态和不稳定状态3种情况的河岸带各有5个，分别占整个流域的21.7%。人工护岸措施不完整，导致部分岸坡受到严重侵蚀，影响了河岸带稳定功能的发挥；23个采样点中河床稳定性处于稳定状态的占比为30.4%，大部分河床均有不同程度的淤积或退化，河床稳定性与河流生物多样性具有密切联系，如果河床存在明显的淤积和退化，则会影响河流内生物生存，从而对河流生态系统产生不利影响。辽河保护区河岸带自然生境的稳定功能可通过增加护坡、减少人类活动等措施提高，一方面可为动植物提供更加稳定的栖息地，另一方面可增强河岸带自然生境功能的作用。

表 3.1 辽河干流河岸带自然生境稳定功能指标数据

采样点	岸坡类型	河岸稳定性	河道变化	岸坡侵蚀度	岸坡坡角/（°）		河床稳定性	斑块破碎度指数	底质类型	栖境复杂性	河岸带宽度/m	
					左岸	右岸					左岸	右岸
Z1	自然原型	较稳定	无	轻度	30	30	稳定	0.2	细沙等沉积物	1～2种	70	200
Z2	自然原型	较稳定	无	无	45	45	稳定	0.2	细沙等沉积物	1种	40	150
Z3	石笼护坡	较稳定	一次	无	45	75	中等程度淤泥	0.3	多为大石	1～2种	80	1 000
Z4	近自然原型	一般稳定	一侧出现	右岸严重	30	90	稳定	0.3	多为大石	1～2种	123	50
Z5	近自然原型	较差	较少	两岸均严重	90	80	淤泥严重、极不稳定	0.5	均为细沙	1种	400	430
Z6	有堆石	较稳定	渠道化较广泛	轻度	30	60	稳定、植物多	0.5	大石、碎石	1～2种	120	110
Z7	近自然原型	较稳定	无	轻度	80	45	中等程度淤泥	0.5	淤泥、沙	1种	150	160
Z8	自然原型	稳定	无	无	20	20	无	0.2	大石、碎石	多种	140	150
Z9	近自然原型	退化严重	无	轻度	20	90	退化严重	0.5	少大石、沙为主	1种	105	150
Z10	自然原型	左岸轻、右岸无侵蚀	渠道化较广泛	无	90	60	退化严重	0.5	大石为主，其余为细沙	1～2种	100	80
Z11	近自然原型	退化极严重	渠道化较广泛	轻度	45	75	退化严重	0.7	大石、淤泥、少沙	3～5种	500	800
Z12	近自然原型	上流稳定、截流退化	渠道化较广泛	无	60	90	下游严重	0.2	沙、少石	3～5种	120	100
Z13	近自然原型	较差	较少	侵蚀严重	90	20	中等程度淤泥	0.5	沙、无大石	1种	500	900

采样点	岸坡类型	河岸稳定性	河道变化	岸坡侵蚀度	岸坡坡角/（°）		河床稳定性	斑块破碎度指数	底质类型	栖境复杂性	河岸带宽度/m	
					左岸	右岸					左岸	右岸
Z14	堆石	右护坡、稳定	较少	轻度	30	60	淤泥多	0.7	少大石，多沙、泥	1 种	350	300
Z15	自然原型	不稳定	较少	侵蚀严重	90	45	淤泥多	0.7	细沙、淤泥	1 种	≥1 000	300
Z16	近自然原型	部分护坡、不稳定	较少	轻度	90	75	浅滩较多	0.5	大石、细沙	1 种	300	220
Z17	近自然原型	有冲刷，小于 50%	较少	中度	90	30	中等退化、有浅滩	0.5	细沙	1 种	232.1	137.8
Z18	堆石	不稳定	无	轻度	20	60	中等程度淤泥	0.5	淤泥	1 种	370	50
Z19	自然原型	中等	无	轻度	30	45	中等程度淤泥	0.5	淤泥多	1 种	210	30
Z20	自然原型	良	较少	无	20	20	中等程度淤泥	0.3	有淤泥	3～5 种	40	30
Z21	自然原型	稳定	无	无	45	30	稳定	0.2	无淤泥，大石多	多种	500	550
Z22	自然原型	稳定	无	轻度	90	90	稳定	0.2	有淤泥、大石	3～5 种	10	30
Z23	自然原型	稳定	无	无	10	10	稳定	0.2	淤泥	多种	≥1 000	≥1 000

3.4.2　缓冲功能调研结果

河流水质是影响河流功能发挥的重要指标，其对河流中植物、动物及微生物会产生直接影响。辽河保护区辽河干流 23 个样点的水质测定结果如表 3.2 所示。辽河干流水质经过“十二五”专项治理，均已达到《地表水环境质量标准》（GB 3838—2002）中Ⅴ类以上，其中辽河干流 23 个采样点的水体中 DO 含量最大值为 13.69 mg/L，最小值为 6.46 mg/L，已达到Ⅱ类地表水环境质量标准；辽河干流 23 个采样点的水体氨氮含量范围为 0.12～0.54 mg/L，水体总磷含量范围为 0.12～0.3 mg/L，则辽河干流河岸带水体氨氮和水体总磷含量均达到Ⅳ类以上水质标准。本次研究中，辽河干流 23 个采样点的水体 pH 呈弱碱性。

表 3.2 辽河干流河岸带水质数据

采样点	pH	水温/℃	电导率/（μS/cm）	DO/（mg/L）	河宽/m	Eh/mV	BOD_5/（mg/L）	COD_{Cr}/（mg/L）	NH_3-N/（mg/L）	总磷/（mg/L）	总氮/（mg/L）
Z1	8.40	27.90	487.00	9.51	39.00	−90.20	8.10	24.10	0.35	0.24	0.98
Z2	8.70	28.20	452.00	9.67	50.10	−107.20	7.69	17.00	0.23	0.22	1.45
Z3	8.57	28.60	1 071.00	12.91	71.30	−93.90	10.67	22.20	0.37	0.24	1.45
Z4	8.48	27.70	471.00	13.69	50.10	−94.60	11.44	27.25	0.30	0.14	0.93
Z5	8.22	25.60	475.00	9.69	71.60	−79.00	7.44	28.90	0.14	0.15	1.36
Z6	8.47	26.90	435.00	12.13	99.00	−93.80	10.41	28.00	0.35	0.25	0.78
Z7	8.67	28.60	537.00	9.00	172.10	−105.60	7.30	28.50	0.32	0.20	1.45
Z8	8.33	27.40	491.00	8.65	278.00	−85.70	7.04	23.10	0.12	0.30	0.68
Z9	8.12	27.40	546.00	10.93	159.50	−73.70	5.24	25.20	0.14	0.20	0.99
Z10	7.89	23.30	496.00	7.29	69.70	−59.70	4.28	13.50	0.35	0.20	0.58
Z11	8.30	24.30	457.00	8.83	42.30	−83.30	6.30	20.50	0.48	0.13	0.49
Z12	7.62	27.60	471.00	8.86	236.30	−44.40	4.86	14.50	0.43	0.26	1.45
Z13	8.82	26.50	511.00	10.42	99.40	−113.60	9.24	20.25	0.53	0.25	1.45
Z14	8.91	25.80	436.00	9.69	94.90	−130.30	8.97	18.40	0.52	0.12	1.10
Z15	8.95	25.20	407.00	9.22	110.00	−121.20	7.67	16.50	0.28	0.19	0.98
Z16	8.72	24.50	399.00	9.32	101.50	−107.30	8.41	19.40	0.34	0.29	0.69
Z17	8.50	26.30	393.00	8.34	54.40	−95.50	6.95	27.10	0.28	0.28	1.20
Z18	8.57	26.30	389.00	7.64	79.20	−99.50	5.37	18.50	0.24	0.26	0.40
Z19	7.43	26.70	847.00	6.46	86.70	−33.20	4.51	11.90	0.41	0.16	1.45
Z20	7.64	27.10	1 378.00	8.06	112.00	−45.50	4.50	15.50	0.23	0.26	1.33
Z21	7.83	26.00	1 409.00	8.46	150.00	−56.70	3.93	15.20	0.28	0.23	0.87
Z22	7.85	25.70	9 070.00	7.69	200.00	−57.40	5.47	30.30	0.17	0.30	1.45
Z23	8.13	26.5	11 470.00	9.93	500.00	−73.70	8.99	30.0	0.54	0.29	1.41

辽河保护区辽河干流 23 个采样点的河岸带土壤养分特征、多环芳烃含量与地形特征如表 3.3 所示。根据全国第二次土壤普查得出的土壤养分分级标准可以看出[76]：辽河保护区辽河干流 23 个采样点土壤养分特征整体呈波动性变化，辽河干流 23 个采样点河岸带土壤速效氮含量为 2.90～71.50 mg/kg，平均值为 21.85 mg/kg，含量偏低；土壤速效钾含量为 9.29～387.75 mg/kg，平均值为 143.45 mg/kg，属于中高等级别；上游、中游、下游河岸带平均土壤速效磷含量分别为 17.05 mg/kg、19.02 mg/kg 和 27.17 mg/kg，平均值为 20.90 mg/kg，属于高等级别。辽河干流上游、下游河岸带平均速效氮含量分别为 25.56 mg/kg 和 26.07 mg/kg，均属于极低含量等级，中游河岸带平均速效氮含量为 15.67 mg/kg，远低于上游河岸带和下游河岸带平均含量。辽河干流上游河岸带平均速效钾含量为 248.86 mg/kg，属于极高含量等级；下游河岸带平均速效钾含量为 166.54 mg/kg，属于高含量等级；中游河岸带平均速效钾含量为 43.51 mg/kg，属于极低含量等级。与上游和下游河岸带相比，中游河岸带的速效氮和速效钾含量明显偏低，辽河干流中游部分河岸带位于铁岭市与沈阳市的交界处，该区域的主要产业包括先进装备制造、新型建材和食品加工等，这可能是导致该区域速效氮和速效钾含量低的主要原因[77]；辽河保护区河岸带土壤 pH 呈弱碱性，适宜喜碱性植被生长。有机质是土壤中酶活性基质的主要来源，同时也是作物生长的主要营养来源[78]。辽河保护区辽河干流 23 个采样点河岸带土壤的有机质含量为 0.50%～4.00%，平均值为 1.86%，处于较低含量等级。辽河保护区河岸带植被形成的时间不长，多以草本植被为主，因此由植物的枯枝落叶分解产生的有机质较少，且辽河保护区经过多年的自然封育管理，其河岸带无耕地耕作、无施肥，这都可能导致辽河保护区辽河干流部分采样点的土壤有机质含量偏低[79]。

表 3.3　辽河干流河岸带土壤养分、多环芳烃含量与地形性质

采样点	土壤速效氮/（mg/kg）	土壤速效钾/（mg/kg）	土壤速效磷/（mg/kg）	土壤 pH	有机质/%	PAHs/（ng/g）	河道弯曲程度	地形连通性	湿地保留率/%
Z1	30.97	250.60	12.78	7.62	0.50	1.54	1.00	0.40	1.48
Z2	31.40	387.75	22.35	7.31	1.00	1.45	2.00	0.60	40.00
Z3	29.65	339.70	15.97	7.33	3.00	1.34	3.00	0.40	1.70
Z4	4.54	125.65	20.65	7.47	2.00	1.44	2.00	0.40	1.70
Z5	21.85	351.45	13.85	7.32	4.00	1.44	3.00	0.40	1.70
Z6	47.00	214.35	16.30	7.02	2.00	1.35	2.00	1.50	4.67
Z7	13.50	72.50	17.48	6.92	0.75	1.38	2.00	0.40	4.67
Z8	2.90	30.25	26.10	7.04	2.50	1.61	1.00	0.40	4.67
Z9	27.29	117.65	15.75	7.22	4.00	1.38	1.00	0.40	4.67
Z10	25.80	35.85	20.48	7.39	2.00	1.34	2.00	0.60	4.67
Z11	2.05	40.10	16.45	7.41	2.00	1.35	3.00	0.40	4.67
Z12	16.70	35.95	14.85	7.57	2.00	1.47	1.00	0.40	4.67
Z13	14.70	30.80	20.63	7.98	0.50	1.41	2.00	0.40	2.88
Z14	26.15	50.55	21.78	7.37	1.00	1.35	4.00	1.00	2.88
Z15	4.10	41.15	19.91	7.42	3.00	1.34	3.00	1.00	2.88
Z16	21.34	9.29	15.20	7.56	1.50	1.49	1.00	0.40	4.67
Z17	8.99	40.30	16.85	7.44	2.00	1.42	2.00	0.40	4.67
Z18	10.00	238.80	5.25	7.23	2.00	1.34	2.00	1.00	4.67
Z19	17.25	97.10	36.50	7.63	2.00	1.35	2.00	1.00	4.67
Z20	4.96	135.90	32.50	7.67	0.50	1.45	1.00	2.00	4.67
Z21	5.17	147.40	29.60	7.41	3.00	1.37	1.00	0.40	84.1
Z22	71.50	205.65	35.60	8.03	0.50	1.48	1.00	0.40	84.1
Z23	64.65	300.63	33.90	8.07	1.00	1.42	2.00	0.40	84.1

辽河保护区辽河干流水体及河岸带土壤重金属含量如表 3.4 所示。根据《土壤环境质量　农用地土壤污染风险管控标准（试行）》（GB 15618—2018）和《地表水环境质量标准》（GB 3838—2002），辽河保护区辽河干流水体及河岸带土壤重金属含量均未超标，并且 23 个采样点的水体中重金属 Cu 含量达到 I 类水质标准。

表 3.4　辽河干流水体与河岸带土壤重金属含量

采样点	水体 Cd/(μg/L)	水体 Pb/(μg/L)	水体 Cu/(μg/L)	水体 Zn/(μg/L)	水体 Cr/(μg/L)	水体 Ni/(μg/L)	土壤 Cd/(mg/kg)	土壤 Pb/(mg/kg)	土壤 Cu/(mg/kg)	土壤 Zn/(mg/kg)	土壤 Cr/(mg/kg)	土壤 Ni/(mg/kg)
Z1	1.28	0.99	6.80	30.13	0.24	24.93	0.20	5.21	9.60	21.01	38.58	10.13
Z2	1.25	0.34	2.90	34.78	0.27	24.65	0.15	7.72	11.05	24.29	15.00	9.93
Z3	2.55	0.33	7.28	15.23	0.22	26.25	0.20	8.66	26.75	83.825	30.78	28.38
Z4	2.55	0.200	5.90	18.98	0.31	28.98	0.10	5.49	7.43	24.73	14.93	10.10
Z5	1.25	0.23	8.20	9.60	0.322	46.50	0.21	9.06	19.08	48.67	30.08	18.05
Z6	2.03	0.20	4.38	4.08	0.29	25.70	0.20	9.43	18.00	40.68	35.50	16.78
Z7	1.53	0.15	5.40	7.23	0.26	30.48	0.25	5.05	10.28	19.23	24.65	8.70
Z8	2.48	0.208	6.80	10.13	0.21	36.28	0.39	10.06	23.28	63.28	19.98	22.95
Z9	5.08	0.05	8.28	4.03	0.20	39.75	0.26	8.68	26.93	64.98	30.05	22.50
Z10	4.78	0.15	7.23	15.43	0.06	41.50	0.21	6.67	19.05	47.00	45.98	17.90
Z11	2.68	0.18	4.85	10.28	0.11	50.10	0.31	4.87	9.53	29.17	11.15	10.85
Z12	5.10	0.20	2.98	20.33	0.12	45.28	0.40	4.76	16.05	40.84	37.60	15.00
Z13	5.05	0.03	6.90	24.33	0.16	35.03	0.31	2.32	10.78	19.94	24.88	9.45
Z14	4.98	0.20	7.50	17.55	0.25	36.75	0.41	3.90	15.39	38.03	38.03	14.08
Z15	5.13	0.21	4.90	13.05	0.16	34.25	0.30	6.42	24.15	58.65	45.00	19.55
Z16	5.08	0.19	5.85	8.60	0.16	26.28	0.31	4.77	15.05	40.83	35.10	15.68
Z17	4.88	0.08	5.90	4.90	0.23	34.00	0.25	4.65	18.20	43.21	30.30	17.88
Z18	4.95	0.01	5.00	15.40	0.17	30.90	0.35	7.16	30.35	86.00	44.80	25.30
Z19	4.03	0.25	6.05	25.60	0.15	29.25	0.26	4.00	12.93	41.72	45.40	18.13
Z20	4.68	0.35	10.15	24.45	0.15	39.60	0.16	8.23	38.18	93.40	30.68	23.93
Z21	4.05	0.11	7.38	9.35	0.10	34.68	0.31	4.15	16.43	49.50	47.45	17.15
Z22	5.10	1.74	8.25	5.08	0.15	39.80	0.36	9.69	27.20	69.25	16.03	21.65
Z23	3.55	0.62	7.75	3.43	0.01	44.00	0.26	7.07	32.70	88.18	45.13	29.80

辽河保护区辽河干流 23 个采样点河岸带土壤酶（碱性磷酸酶、中性磷酸酶、酸性磷酸酶、过氧化氢酶、脲酶、蔗糖酶）分布情况如图 3.2 所示。从图 3.2 中可以看出，不同区域的不同土壤酶含量具有一定的差异，整体呈波动性变化，其中

脲酶参与土壤氮元素循环，其活性可以表征土壤的供氮能力，它的酶反应产物是植物可利用的氮源[80]。脲酶活性直接影响河岸带土壤肥力和土壤微生物细菌数量[81]，辽河保护区辽河干流23个采样点的河岸带土壤酶中脲酶活性最高。蔗糖酶是转化酶中的一种，它的水解产物为葡萄糖，蔗糖酶与土壤中养分含量密切相关，可为土壤中一些微生物和植物提供营养来源[82]，在辽河保护区辽河干流河岸带土壤酶中蔗糖酶活性较高，仅低于脲酶活性。过氧化氢酶是物质和能量转化过程中的重要角色，它能够为植物生长和微生物活动提供良好的土壤环境[83]。辽河保护区辽河干流23个采样点河岸带土壤的过氧化氢酶活性最低。土壤中活跃的酶类有磷酸酶，磷酸酶在土壤磷的循环过程中发挥重要作用[84]。辽河保护区辽河干流河岸带土壤的碱性磷酸酶含量略高于中性磷酸酶和酸性磷酸酶含量，与上述河岸带土壤pH呈偏碱性相符。辽河干流河岸带各土壤酶活性从大到小依次为脲酶＞蔗糖酶＞碱性磷酸酶＞酸性磷酸酶≈中性磷酸酶＞过氧化氢酶。

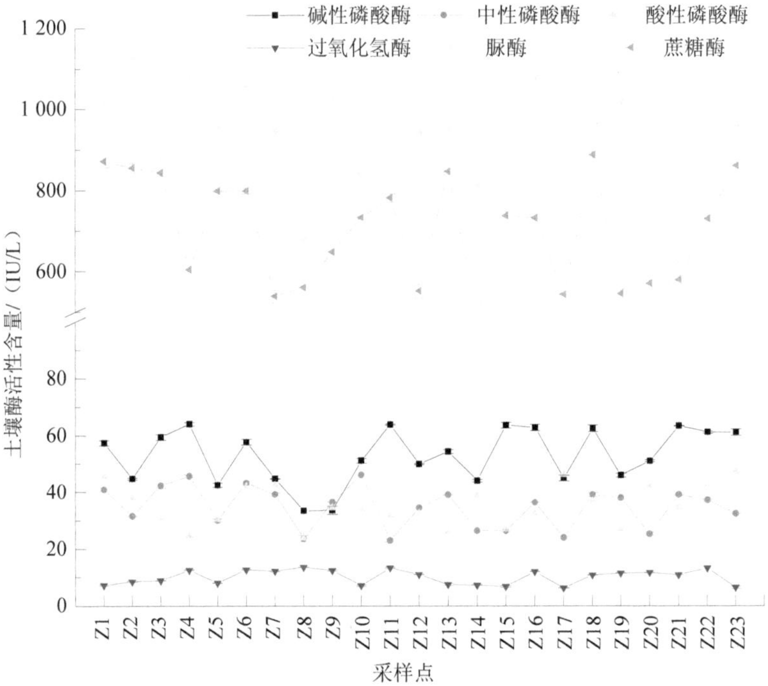

图3.2 辽河干流河岸带土壤酶分布

3.4.3　服务功能调研结果

辽河保护区辽河干流 23 个采样点的河岸带自然生境服务功能现场调研结果如表 3.5 所示。辽河保护区近年来受人类活动干扰情况较为严重，休闲娱乐设施丰富度偏低，中游部分河岸带挖沙、捕鱼等人类活动频繁，对河岸带自然生境恢复产生不利影响。部分河岸带临近区域的土地利用类型为农业用地，在农业种植过程中会使用化肥、农药等，这些农业面源污染会导致河流水体和河岸带土壤及植被恢复效果欠佳。另外，近年来，辽河保护区内放牧情况大量增加，放牧情况在保护区上游和中游部分地区尤为严重，致使一些地区的河岸带植物多样性和土壤微生物多样性偏低、河岸带生物多样性恢复效果欠佳，进而阻滞辽河保护区河岸带自然生境的持续恢复。

表 3.5　辽河保护区辽河干流河岸带自然生境服务功能指标调研

采样点	人类主要影响活动	水景观舒适度	休闲娱乐设施	廊道连通性	土地利用类型	防洪类型	放牧情况
Z1	少人类活动	较差	景观台	少障碍	无	无	无
Z2	少机动车	较差	钓鱼	畅通	无	无	无
Z3	人类、机动车	良好	无	中断 1 次	无	两侧护坡	较多
Z4	少车、少人、捕鱼	良好	无	畅通	无	一侧护坡	较少
Z5	放牧	差	无	少障碍	无	无	较少
Z6	无车、少钓鱼	差	无	少障碍	无	一侧护坡	无
Z7	少车、钓鱼、游泳	中等	无	畅通	一侧耕种	无	较多
Z8	钓鱼	优	无	畅通	一侧耕种	无	较多
Z9	钓鱼、游泳	良好	景观台	少障碍	无	两侧石笼护坡	较少
Z10	较多钓鱼、挖沙	差	景观台、橡胶坝	少障碍	一侧耕种	两侧石笼护坡	中等
Z11	钓鱼、挖沙	差	无	畅通	无	两侧石笼护坡	较多

采样点	人类主要影响活动	水景观舒适度	休闲娱乐设施	廊道连通性	土地利用类型	防洪类型	放牧情况
Z12	捕鱼	优	景观台、橡胶坝	畅通	一侧耕种	两侧石笼护坡	无
Z13	捕鱼	较差	浮桥	畅通	一侧耕种	无	一般
Z14	无	差	无	中断2次	一侧耕种	两侧石笼护坡	一侧较多
Z15	无	差	无	少障碍	无	无	较多
Z16	无	较差	景观台	畅通	一侧耕种	部分石笼护坡	无
Z17	少车	中等	无	畅通	无	部分石笼护坡	有
Z18	有浮桥、机动车多	差	无	少障碍	无	无	无
Z19	少机动车	中等	无	少障碍	无	无	无
Z20	较少车	优	景观台	中断2次	一侧耕种	无	无
Z21	少人、少车	优	景观台	畅通	无	两侧石笼护坡	无
Z22	少机动车	优	无	畅通	无	无	无
Z23	少人类干扰	优	无	畅通	无	无	无

3.4.4 生物多样性调研结果

（1）辽河干流河岸带植物多样性分析

河岸带植被在河流生态修复中具有重要作用，调查河岸带植物多样性，可以为恢复与治理河岸带生境提供理论依据[85]。根据辽河干流河岸带植被调查的分析与计算，得到辽河干流河岸带植被香农指数、辛普森指数、均匀度指数和植被覆盖率，分别如图 3.3～图 3.6 所示。植被的香农指数越大，表明该地区的植物群落由多个物种组成且物种丰富、结构复杂[86]，辽河干流上游河岸带植被香农指数平均为 1.277，中游河岸带植被香农指数平均为 1.255，下游河岸带植被香农指数平均为 1.140；植被辛普森指数是度量植被群落中物种集中性的参数，其值越高表明物种的优势度越明显[87]，辽河保护区辽河干流河岸带 23 个采样点的植被辛普森指数范围为0.153～0.781，平均值为0.558。通过植被辛普森指数趋势可以看出，Z10采样点的植物物种优势度明显低于其他采样点，该采样点的植被群落以草本植物为主，其优势种不明显的主要原因是因为严重的放牧情况导致该采样点河岸土壤结构发生变化，使其对河岸带的植被系统造成严重破坏。另外，近海地区河岸带植被群落优势度略低于其他地区，靠近海域的采样点已形成以芦苇为绝对优势种的植物群落特征，特殊的地理条件导致靠近海域地区物种组成单一，不利于植物物种多样性的发展。物种均匀度既是反映物种分配均匀程度的指标，也是反映物种生长状况的直接证据[88]，辽河干流上游河岸带植被均匀度指数平均为 0.652，中游河岸带植被均匀度指数平均为 0.641，下游河岸带植被均匀度指数平均为0.610，其变化趋势与辽河干流河岸带植被香农指数基本一致，这表明辽河干流河岸带植物物种丰富，植物物种组成多以草本植物混生为主，而靠近海域的采样点河岸带土壤湿度大且温度偏低，仅适合芦苇等水生植被生长，则靠近海域的河岸带植物物种组成单一；辽河干流上游采样点河岸带植被覆盖率平均为74.76%，中游河岸带植被覆盖率平均为 69.04%，下游河岸带植被覆盖率平均为 80.24%，整个流域内植被覆盖率最高点出现在上游河岸带的Z6采样点，主要原因是Z6采样点的河岸带实施了人工强化技术，通过种植杞柳等促进河岸带植被群落的恢复与重建，现已形成以杞柳、刺槐和蒿类杂草为主的植被群落，目前该采样点已形成乔木、灌木和草本植物相结合的土壤—植被护岸类型。另外在调研过程中发现，目前辽河干流上游地区放牧情况较严重，牛羊啃食、踩踏等会影响河岸带植被的生长，而 Z6 采样点的围封区域内并未发现放牧情况且人类活动干扰较少，因此其河岸带植被群落恢复状态好、河岸带植被覆盖率高；辽河干流植被覆盖率最低点出现在中游河岸带的Z16采样点，该点覆盖率仅为40%，与Z16采样点相近的Z14和Z15采样点植被覆盖率也略低于其他采样点，其主要原因是这3个采样点的河岸带受人类活动干扰严重且公路与河流距离较近，河岸带紧邻公路，故经常有机动车等通过。另外，该地区河岸带附近有农田耕种，农田种植所产生的面源污染也会对河岸带的植被结构产生直接影响。频繁的人类活动导致该地区河岸带的植被覆盖率偏低，可见放牧等人类活动、土地利用类型不同是影响河岸带植被恢复的主要原因。

许多研究表明，人为干扰是导致植被退化以及物种多样性降低的主要原因，人为因素在退化生态系统修复过程中起着重要作用[89]。根据辽河保护区辽河干流23个采样点河岸带植被多样性特征可以得出，自然恢复状态的河岸带受人类活动干扰少，植被在恢复进程中未受到破坏，此区域的植物物种丰富，植被均匀度和覆盖率均高；而受人类活动干扰多、放牧严重的区域，河岸带植被多样性偏低。为恢复已被破坏的辽河保护区河岸带自然生境，建立稳定的河岸带植被群落，提高河岸带各项功能，应严格控制辽河保护区内的耕作、挖沙、放牧、割草等人为活动干扰。

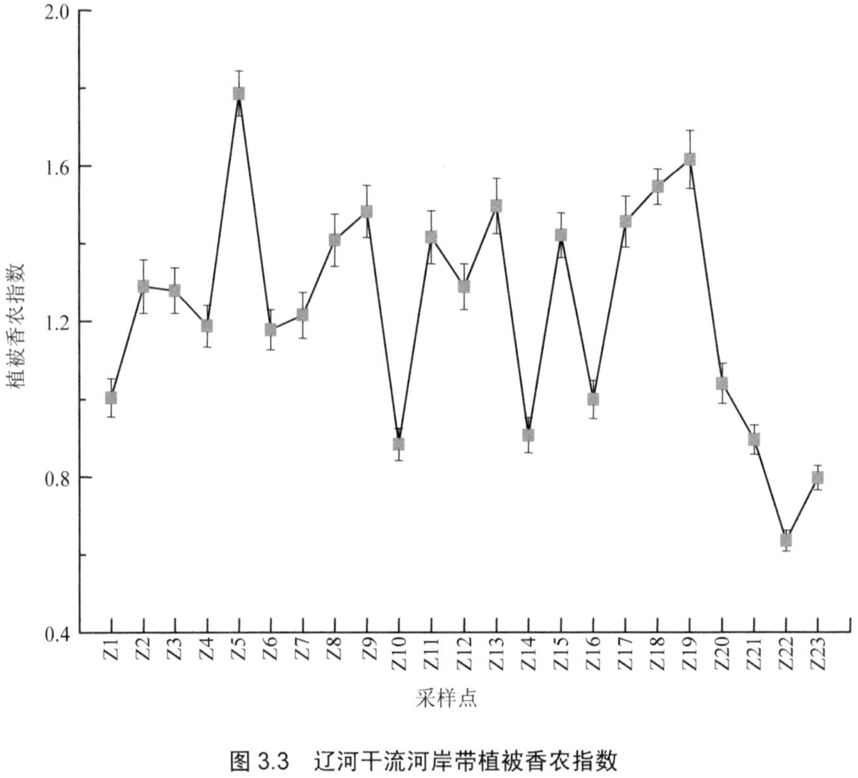

图 3.3 辽河干流河岸带植被香农指数

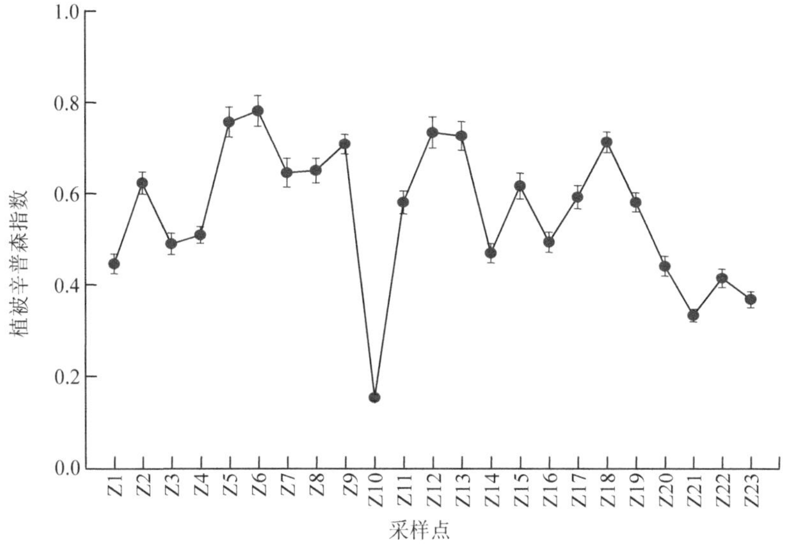

图 3.4　辽河干流河岸带植被辛普森指数

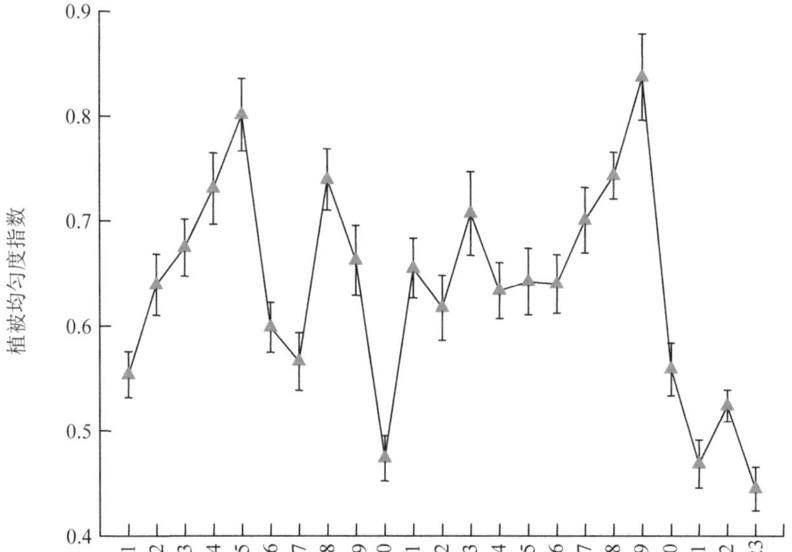

图 3.5　辽河干流河岸带植被均匀度指数

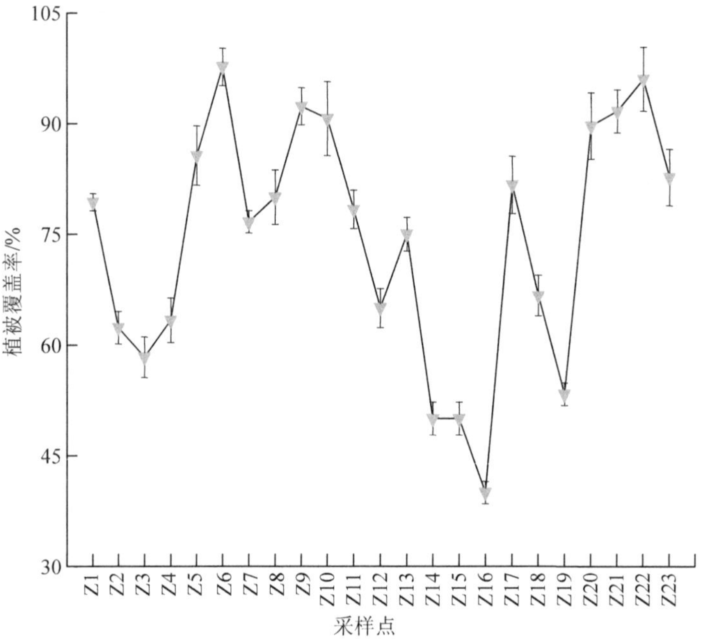

图 3.6 辽河干流河岸带植被覆盖率

（2）辽河干流河岸带微生物多样性分析

微生物香农指数代表微生物群落多样性，其值越大则表明微生物群落多样性越高[90]；微生物 Chao1 指数代表土壤微生物群落的丰富度，其值越大表明微生物群落丰富度越高、物种越多[91]；通过土壤微生物高通量测序分析得到的土壤微生物香农指数、土壤微生物 OTUs 数量（细菌数量）和土壤微生物 Chao1 指数分别如图 3.7、表 3.6、图 3.8 所示。由图 3.7 可知，辽河干流河岸带土壤微生物香农指数为 8.241～10.095，平均值为 9.554；由表 3.6 可知，河岸带土壤微生物 OTUs 数量为 1 283～2 682，平均值为 2 289.478；由图 3.8 可知，河岸带土壤微生物 Chao1 指数为 1 834.787～4 097.672，平均值为 3 426.187。辽河干流河岸带土壤中微生物香农指数、微生物 OTUs 数量和微生物 Chao1 指数最低点均出现在 Z23 采样点，Z22 采样点微生物多样性略高于 Z23 采样点，但与其他采样点相比，该地区微生物多样性偏低。Z22 和 Z23 采样点临近渤海，土壤环境受海水影响其温度偏低、湿度较大且土壤中盐度很高，因此细菌存活率低。另外，由于特殊的地理位置，Z22 与 Z23 采样点的植被物种单一、多样性偏低，由植物的枯枝落叶繁衍产生的微生物较少，所以靠近海水区域的细菌种类较少、微生物多样性偏低。辽河干流河岸带土壤中微生物香农指数、微生物 OTUs 数量最高点出现在 Z4 采样点，该采样点河岸带土壤中微生物多样性高的原因是与上游其他采样点相比该地区放牧情况少，河岸带人类活动也较少，其植被恢复状态良好。近年来，辽河保护区内放牧情况有所增加，辽河干流上游地区放牧情况尤为严重，牛羊踩踏后其河岸带的土壤结构发生改变、植被遭受不同程度的破坏，故河岸带土壤中的微生物群落结构随之改变，导致河岸带土壤中微生物多样性偏低；而辽河干流中游和下游受人类活动干扰和放牧较少或无放牧情况的地区其河岸带植被恢复状态好、由植物的枯枝落叶繁衍产生的微生物多，则采样点的微生物细菌数量多、微生物香农指数和微生物 Chao1 指数也高[92]。在辽河保护区内，放牧情况、其他人类活动干扰以及植被多样性会对河岸带土壤中微生物多样性产生直接影响。

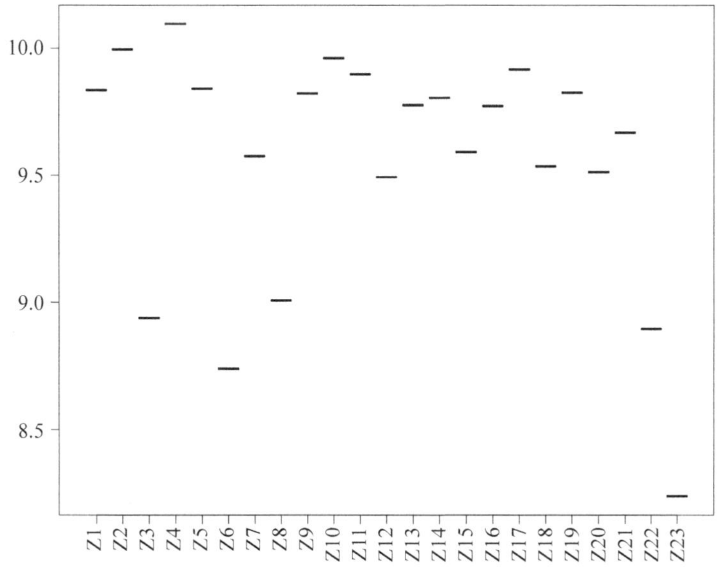

图 3.7　辽河干流河岸带土壤微生物香农指数

表 3.6 单个样本的 OTU 数目统计

样本名称	最终 OTU 表中每个样本对应的 tag 数目	每个样本最终得到的 OTU 数目
Z1	13457	2398
Z2	13457	2527
Z3	13457	2024
Z4	13457	2682
Z5	13457	2468
Z6	13457	1891
Z7	13457	2138
Z8	13457	2102
Z9	13457	2396
Z10	13457	2624
Z11	13457	2494
Z12	13457	2318
Z13	13457	2432
Z14	13457	2547
Z15	13457	2230
Z16	13457	2447
Z17	13457	2655
Z18	13457	2315
Z19	13457	2480
Z20	13457	2090
Z21	13457	2336
Z22	13457	1781
Z23	13457	1283

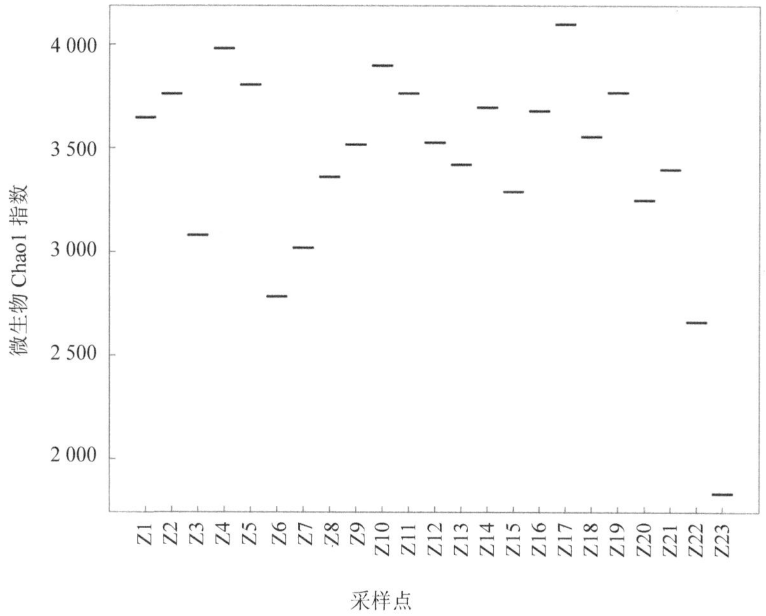

图 3.8　辽河干流河岸带土壤微生物 Chao1 指数

3.5　本章小结

（1）辽河保护区辽河干流部分河岸带无岸坡保护使其受雨水冲刷严重，因此部分河岸带岸坡失稳且部分河流河床存在淤积和退化现象，这对河流生态系统健康产生严重威胁。

（2）辽河保护区辽河干流河岸带 23 个采样点的河流水质均达到《地表水环境质量标准》（GB 3838—2002）中Ⅴ类水以上标准；河岸带土壤养分特征整体呈波动性变化，有机质和速效氮含量均偏低，速效钾和速效磷含量均处于中高等水平；河岸带 23 个采样点的土壤酶活性具有一定差异，整体呈波动性变化，辽河干流河岸带各土壤酶活性由大到小依次为脲酶＞蔗糖酶＞碱性磷酸酶＞酸性磷酸酶≈中性磷酸酶＞过氧化氢酶。河岸带土壤养分和土壤酶活性与河岸带植被生长状况和土地利用类型密切相关。

（3）目前辽河保护区内主要人类活动影响包括捕鱼、挖沙等。辽河干流上游和中游部分采样点放牧情况严重，有少量采样点的河岸带土地利用类型为农业用地，在耕种过程中会大量使用化肥、农药等，经雨水冲刷通过地表径流扩散至河岸带，从而改变河岸带土壤结构、影响河岸带功能发挥。

（4）辽河保护区辽河干流 23 个采样点的植被香农指数平均为 1.227，植被辛普森指数为 0.153～0.781，植被均匀度指数平均为 0.635，植被覆盖率平均为 74.19%。通过人工强化技术的实施以及区域封育管理，近年来辽河保护区河岸带自然生境的植物处于近自然恢复状态；辽河干流 23 个采样点河岸带土壤微生物香农指数平均为 9.554，微生物 Chao1 指数平均为 3 426.187，不同采样点的微生物群落受环境因素影响存在显著性差异；土壤微生物多样性与人类活动干扰、放牧情况、土壤环境以及植被多样性密切相关。

第 4 章　辽河保护区河岸带自然生境恢复现状评价

4.1　选择评价方法

4.1.1　理论筛选

模糊评价法的评价结果过于模糊和极端，对指标数据值域有所要求，适合评估有明确指标标准范围的指标数据，对于某些意义重大且标准值无法确定其上限或下限的指标，则不能很准确地对其完整性进行评估。

综合指数法采用指标数据与权重之间加权求和的方式，其不局限于指标是否量化。基于每个指标依据的权重不同，评价结果会随着每个指标的变化而变化，因此评价结果与实际相符。该方法的关键在于指标体系建立之前进行实地调查与专家咨询，创建更加符合研究区域的各指标权重，故本研究选择综合指数法对辽河保护区河岸带自然生境恢复现状进行评价。

4.1.2　综合指数法评价步骤

（1）确定各指标的现状值。

（2）将各评价指标按评价标准进行赋值。

（3）计算综合指数。

$$E=\sum_{i=1}^{n}\lambda_i \times W_i \tag{4.1}$$

式中：E——综合指数得分；

n——评价指标的个数；

λ_i——各评价指标的赋分值；

W_i——各评价指标的权重。

4.1.3 综合指数法评价等级划分

利用综合指数法对辽河保护区河岸带自然生境恢复状况进行评价的分级评价标准如表 4.1 所示。

表 4.1 综合指数法分级评价标准

河岸带状态	等级	综合指数评价得分
河岸带自然生境处于自然恢复状态、受干扰较小	优	≥16
河岸带自然生境处于近自然恢复状态、受到较多干扰	良好	15～16
河岸带自然生境恢复状态受到重要干扰	中等	14～15
河岸带自然生境恢复状态受到强烈干扰	较差	13～14
河岸带自然生境未见恢复、受到剧烈干扰	差	≤13

4.2 综合指数法评价辽河保护区河岸带自然生境恢复

4.2.1 辽河保护区河岸带自然生境现状评估

利用综合指数法对辽河保护区辽河干流 23 个采样点的河岸带自然生境恢复现状进行评价，其评价结果见图 4.1。

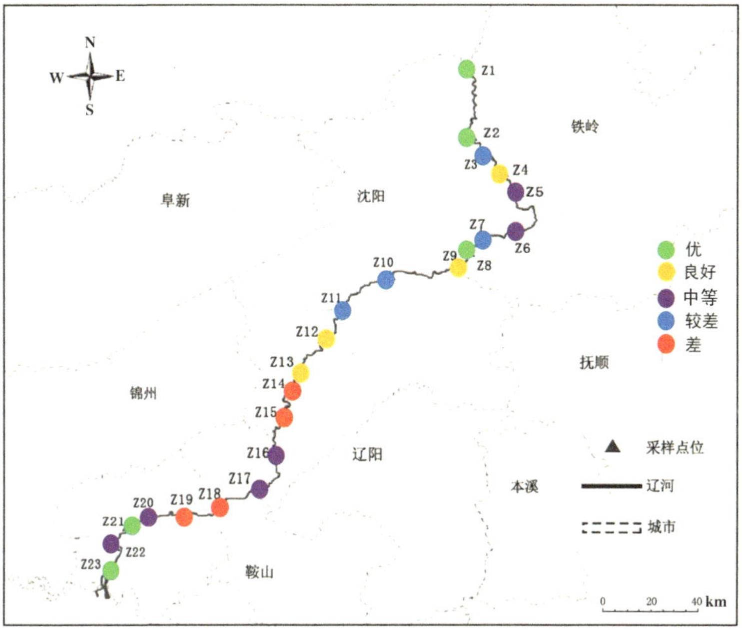

图 4.1　辽河保护区河岸带自然生境现状评价结果

辽河保护区辽河干流的 23 个采样点中河岸带自然生境恢复状态处于优的河岸带有 5 个，占采样点总数的 21.74%，这 5 个采样点受到人类活动干扰均较少、岸坡均未见明显侵蚀；曙光公路橡胶坝两岸均有石笼护坡，同时有水生植被存在，河道畅通、河岸带有景观台且保留了湿地，因此提高了河岸带生境的功能。Z8 采样点傍晚会有放牧情况，其他 4 个采样点并未发现放牧情况，Z8 采样点的河岸带有大型柳树等植物，这对该点的河岸带生境恢复具有积极作用。因此这 5 个采样点的河岸带自然生境处于自然恢复的状态，河岸带相对稳定、生境受到破坏程度很小、结构比较完整，河岸带各项功能均很强。

辽河干流 23 个采样点中，河岸带自然生境恢复状态处于良好的河岸带有 4 个，占采样点总数的 17.39%。自然生境恢复状态处于良好的 4 个采样点河流及河岸带存在不同程度的退化，其岸坡有部分石笼护坡，人类活动相对偏多且对河岸带生境影响较小。因此，这4个采样点的河岸带自然生境属于近自然恢复的状态，虽然在恢复过程中受到人类活动的干扰，但其河岸带基本稳定，生境受到较小程度的破坏，河岸带的各项功能较强。

辽河干流 23 个采样点中，河岸带自然生境恢复状态处于中等的河岸带有 6 个，占采样点总数的26.09%。这6个采样点河岸两侧冲刷比较严重，无护坡或只有一侧较少护坡，Z5采样点外来植物入侵严重，且在河岸发现很多农药瓶，河岸带两侧若耕种会影响河岸带自然生境的恢复。这6个采样点的河岸带自然生境在恢复过程中受到较多人类活动干扰，其河岸带生境能维持基本功能但受到一定程度的破坏，因此河岸带结构稳定性需进一步提高。

辽河干流23个采样点中，河岸带自然生境恢复状态处于较差的河岸带有4个，占采样点总数的17.39%。河岸带自然生境恢复状态较差的采样点分别为龙王庙、汎河口、马虎山大桥和巨流河，其中龙王庙和汎河口采样点放牧情况较多，其对河岸植物和土壤环境会产生不利影响，且这4个采样点河岸带相对不稳定、冲刷退化严重、受到人类活动干扰多，因此这4个采样点的河岸带自然生境受到强烈干扰，河岸带生境的恢复进程受到严重影响，河岸带自然生境的各项功能均较差，生境受到严重破坏。

辽河干流23个采样点中，河岸带自然生境恢复状态差的河岸带有4个，占采样点总数的17.39%。自然生境恢复状态差的采样点分别为老大房、满都户、三道桥和冷东大桥，老大房和满都户采样点河床退化情况均较为严重，老大房采样点的岸坡沙化严重且在该采样点放牧情况较多，其对河岸带植被的恢复会产生严重干扰，从而破坏该采样点的土壤性质，对河岸带生境的各项功能产生影响；满都户采样点的岸坡侵蚀严重，有很多淤泥，因此河岸带生境的各项功能均不稳定；三道桥采样点左岸有石场、河岸带靠近马路且河流上方建有浮桥，有较多机动车通过，附近人类活动很频繁，因此该采样点的自然生境恢复受到严重干扰；冷东大桥采样点桥上有机动车通过，且两岸附近均有油田开采，油田开采地点距河流很近，河岸带并无护坡，其河岸带自然生境恢复状态差可能是附近油田开采所产生的各种人类活动对河岸带自然生境恢复产生了影响。因此，这 4 个采样点的河岸带自然生境退化，生境结构发生很大变化，自然生境的各项功能均很差。

4.2.2　辽河保护区河岸带自然生境历史状态评估

通过 2012 年数据评价结果（图 4.2）可以看出，2012 年辽河保护区辽河干流 23 个采样点中，仅有 6 个采样点河岸带自然生境为较差状态，分别为 Z4、Z5、Z8、Z12、Z13 和 Z21 采样点；其余 17 个采样点的河岸带自然生境为差的状态。2012 年辽河保护区辽河干流河岸带植被覆盖率偏低，虽无放牧情况发生，但岸坡侵蚀严重、河岸带人类活动影响偏多、娱乐设施丰富度偏低且河岸带土地利用类型多为农业用地；河流水质及土壤肥力状况与现状相比均偏低，因此导致历史数据评价整体偏低，2012 年辽河保护区河岸带自然生境均处于较差和差状态。

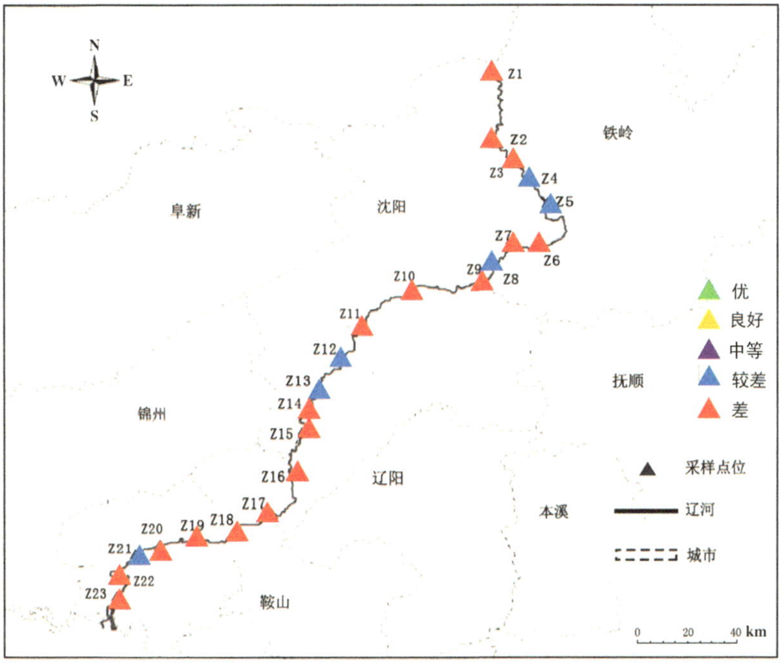

图 4.2　辽河保护区河岸带自然生境历史状态评价结果

4.2.3 辽河保护区河岸带自然生境现状与历史状态对比分析

通过对辽河保护区辽河干流河岸带 2019 年评价结果与 2012 年评价结果进行对比分析（图 4.3）得出，目前辽河保护区河岸带自然生境整体呈现出一种恢复状态，82.61%的河岸带自然生境状况均有所提高，其中 3 个采样点的河岸带自然生境状态由差提升为优，2 个采样点的河岸带自然生境状态由较差提升为优，这 5 个采样点的河岸带自然生境状态目前均处于自然恢复状态，与历史数据相比，其植被覆盖率、植物多样性均有很大提高，且这些采样点受人类活动干扰少、岸坡侵蚀轻、河岸带相对稳定、生境结构完整，各项生态功能很强。1 个采样点的河岸带自然生境状态由差提升为良好，3 个采样点的河岸带自然生境状态由较差提升为良好，这 4 个采样点目前的河岸带自然生境均处于近自然恢复状态，在恢复过程中受人类活动干扰相对偏多，其河岸带基本稳定，自然生境遭到破坏。有 6 个采样点的自然生境状态由差或较差恢复到中等，其中部分采样点受到外来植物入侵干扰或很大程度的人类活动影响，导致其河岸带植被覆盖率降低，生境功能被干扰。辽河保护区辽河干流 23 个采样点中有 4 个河岸带的自然生境状态由差变为较差，因为这 4 个采样点受放牧影响严重，植被覆盖率略低；另外，部分河岸带受雨水冲刷严重退化，对河岸带生境的恢复进程产生了不利影响。本次研究中仅有 17.39%的河岸带自然生境维持原状，两次评价结果均显示这 4 个采样点的河岸带自然生境状态为差。通过对比分析发现，4 个河岸带自然生境维持原状的采样点受放牧活动、人类活动、岸破侵蚀等影响严重，其河岸带生境结构变化大、生态系统各项功能较差，因此河岸带自然生境状况未见改善。由于地域特征及自然、人为多方面因素的影响，辽河保护区河岸带在自然生境逐步恢复过程中出现诸多新的问题，阻碍了其持续良性的恢复进程。在辽河保护区辽河干流 23 个采样点中，受人类活动干扰少的采样点河岸带自然生境恢复状态好，而受人类活动干扰大的采样点河岸带自然生境恢复状态差，因此人类活动多会对河岸带自然生境的恢复进程产生影响。处于较差或差状态的河岸带均有不同程度的放牧情况发生，其会影响河岸带植被和土壤环境的恢复，从而阻碍河岸带自然生境的恢复进程。

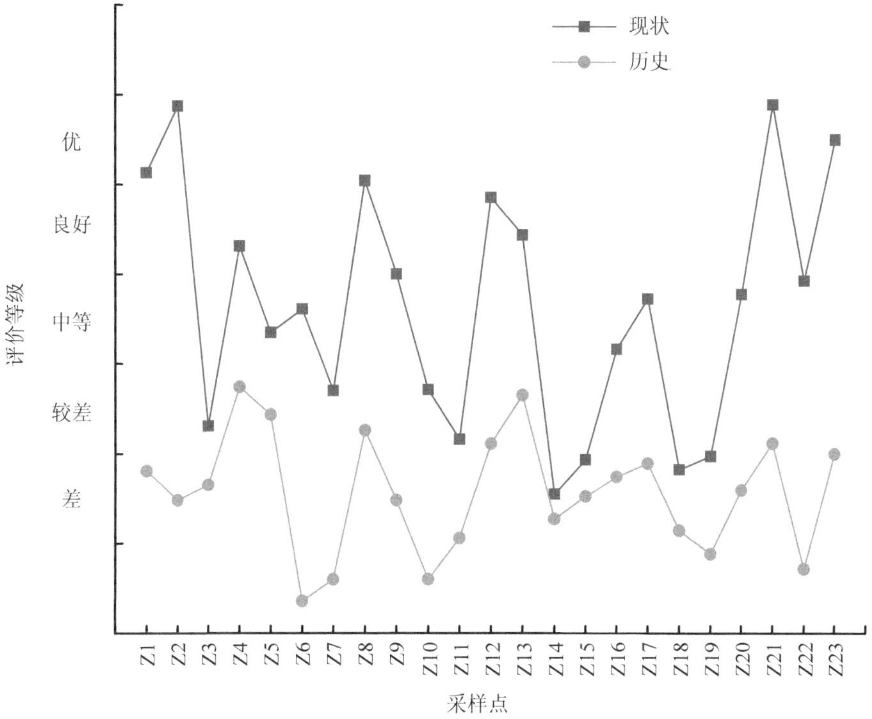

图 4.3　辽河保护区河岸带自然生境评价对比

4.3　辽河保护区河岸带自然生境影响因素分析

为明确影响辽河保护区河岸带自然生境恢复的关键因素，对稳定功能、缓冲功能、服务功能和生物多样性各指标与辽河保护区河岸带自然生境恢复现状评价结果进行 Pearson 相关性分析，得到相关性结果分别见表 4.2～表 4.5。其中岸坡类型、河床稳定性、斑块破碎度指数、人类主要活动影响、放牧情况和植被覆盖率与辽河保护区河岸带自然生境恢复现状评价结果呈显著正相关；水体总磷、河道弯曲程度、湿地保留率与辽河保护区河岸带自然生境恢复现状评价结果呈显著负相关，表明这 9 个指标是影响辽河保护区河岸带自然生境恢复的主要因素。辽河保护区在今后的管理与修复方面应注意保护河岸带岸坡、减少人为干预，使岸坡类型自然演变、减少河床淤积或退化；加强保护河流水质、防止工业废水或农田面源污染导致水体质量下降，另外可以通过增加人工湿地保护河流。放牧以及其他人类活动在一定程度上会破坏河岸带植被、影响植被恢复，从而减少植物多样性和植被覆盖率。因此，辽河保护区内应尽量减少放牧以及其他人类活动，使辽河保护区河岸带植被覆盖率增加，从而使辽河保护区河岸带自然生境持续恢复。

表 4.2 稳定功能指标与河岸带自然生境现状相关性分析结果

	岸坡类型	河岸稳定性	河床稳定性	斑块破碎度指数	底质类型	河岸带宽度/m
评价结果	0.454*	0.379	0.701**	0.822**	0.189	–0.013

注：*表示在 0.05 水平（双侧）上显著相关；**表示在 0.01 水平（双侧）上显著相关；N=23。

表 4.3 缓冲功能指标与河岸带自然生境现状相关性分析结果

缓冲功能指标	评价结果
水体 NH_3-N	–0.055
水体 TP	–0.546**
水体 Cu	–0.021
水体 DO	0.305
土壤速效钾	0.227
土壤速效氮	0.193
土壤 Cu	–0.021
土壤 Cr	0.15
土壤酸性磷酸酶	0.242
土壤碱性磷酸酶	–0.084
土壤脲酶	–0.006
河道弯曲程度	–0.618**
地形连通性	0.084
湿地保留率	0.576**

注：**表示在 0.01 水平（双侧）上显著相关；N=23。

表 4.4　服务功能指标与河岸带自然生境现状相关性分析结果

	人类主要活动影响	休闲娱乐设施丰富度	廊道连通性	放牧情况
评价结果	0.559**	0.355	0.349	0.438*

注：*表示在 0.05 水平（双侧）上显著相关；**表示在 0.01 水平（双侧）上显著相关；*N*=23。

表 4.5　生物多样性指标与河岸带自然生境现状相关性分析结果

	植被覆盖率	植被辛普森指数	植被均匀度指数	微生物香农指数	微生物 OTUs 数量
评价结果	0.526**	−0.043	−0.292	−0.191	−0.189

注：**表示在 0.01 水平（双侧）上显著相关；*N*=23。

4.4　本章小结

（1）通过综合指数法对辽河保护区河岸带自然生境恢复现状和历史状态进行评价，结果显示：在现状评价中，23 个采样点中河岸带自然生境状态处于优的数量占总数的 21.74%，状态处于良好的数量占总数的 17.39%，状态处于中等的数量占总数的 26.09%，状态处于较差和差的数量均占总数的 17.39%。在对历史资料的评价中，状态处于较差的河岸带占总数的 26.09%，其余河岸带状态处于差。辽河保护区内 82.61%的河岸带自然生境与历史状态相比均有所改善，有 17.39%的河岸带自然生境维持原状，整个流域内河岸带自然生境无退化情况。

（2）通过对辽河保护区河岸带自然生境稳定功能、缓冲功能、服务功能和生物多样性各指标与现状评价结果进行相关性分析，岸坡类型、河床稳定性、斑块破碎度指数、水体总磷、河道弯曲程度、湿地保留率、人类主要活动影响、放牧情况和植被覆盖率是影响辽河保护区河岸带自然生境恢复的关键因素。

第5章　结论及展望

5.1　结论

为了更好地使辽河保护区河岸带自然生境得到改善，本书结合地域特征及自然、人为等多方面因素，从河岸带自然生境所具有的特点出发，通过文献调研，阐述了河岸带自然生境的定义内涵。通过查阅相关学者研究，初步选取63个指标作为河岸带自然生境评价的候选指标，并以现场调研情况为基础，利用主成分分析法对各功能的候选指标进行筛选，最终确定29个指标作为辽河保护区河岸带自然生境恢复评价指标。通过专家打分与层次分析法相结合确定评价指标权重，并制定了适宜辽河保护区河岸带自然生境恢复的评价标准，构建了实用可行的辽河保护区河岸带自然生境恢复评价指标体系。

通过对辽河保护区辽河干流河岸带自然生境调研发现：辽河干流水质均达到《地表水环境质量标准》（GB 3838—2002）Ⅴ类水以上标准，土壤及水体重金属含量均未超标；辽河干流河岸带土壤养分特征整体呈波动性变化，有机质和速效氮含量均偏低，速效钾和速效磷含量均处于中高等水平；辽河干流23个采样点的植被香农指数平均为1.227，平均植被覆盖率达到74.19%；河岸带土壤微生物香农指数平均为9.554。辽河保护区河岸带土壤养分状况、生物多样性与人类活动干扰、放牧情况、土壤环境密切相关。

采用综合指数法对辽河保护区辽河干流（福德店至辽河入海口）河岸带自然

生境恢复现状及历史状况进行评估，2019 年自然生境现状评价结果表明：辽河保护区辽河干流 21.74%河段的河岸带自然生境状态处于优，17.39%河段的河岸带自然生境状态处于良好，26.09%河段的河岸带自然生境状态处于中等，17.39%河段的河岸带自然生境状态处于较差，17.39%河段的河岸带自然生境状态处于差。2012 年自然生境评价结果表明：辽河保护区辽河干流 26.09%河段的河岸带自然生境状态处于较差，73.91%河段的河岸带自然生境状态处于差。2019 年与 2012 年评价结果显示：辽河保护区内 82.61%的河岸带自然生境有所改善，仅有 4 个采样点的自然生境维持原状、未见改善。

对辽河保护区河岸带自然生境恢复现状评价结果与各指标进行相关性分析，确定 9 个指标为影响辽河保护区河岸带自然生境恢复的关键因素。通过“十二五”辽河保护区自然封育技术的实施，河岸带植被覆盖率有所提高，植被多样性也显著增加。但是，目前辽河保护区内人类活动干扰严重，部分地区还存在严重的放牧现象，另外，部分河岸带存在严重的外来植物入侵，这些问题影响了本地植物物种的生存和发展，致使植被群落的恢复效果欠佳，进而阻滞了辽河保护区河岸带自然生境恢复进程。基于此，研究者建议尽量减少辽河保护区封育区域内人类活动，杜绝封育区内放牧情况，同时可以通过人工种植植物提高河岸带植被多样性、改变河岸带土壤结构等措施加快辽河保护区河岸带自然生境的持续恢复进程。

5.2 展望

本书通过对辽河保护区河岸带自然生境恢复评价研究，可为辽河保护区河岸带自然生境恢复管理提供科学依据。通过构建评价指标体系，对辽河保护区辽河干流河岸带 23 个采样点进行分析比较，明确了影响和阻碍辽河保护区自然生境恢复进程的关键因子。本次研究过程中，研究者发现辽河保护区河岸带的修复与管理仍需进一步完善，主要有以下几个方面：

（1）加强辽河保护区保护措施、减少农业面源污染、提高水体质量、保护封育区内动植物以增加辽河保护区生物多样性。

（2）辽河保护区内存在人类活动干扰严重、部分河岸带结构失稳、面源污染阻控能力有限等情况，应通过人工干预、人工诱导或人工矫正推动辽河保护区河岸带自然生境进入一种良性或持续的恢复模式。

参考文献

[1] 张益民，钱谊，张益民，等. 生境评价程序在规划环境影响评价中的应用——以大东港区规划为例[J]. 生态与农村环境学报，2010，26（3）：205-209.

[2] 施展. 平原河网地区城市河流滨岸带生境评价研究[D]. 上海：华东师范大学，2008.

[3] Jowett I G. Instream flow methods：a comparison of approaches[J]. Regulated Rivers：Research & Management，1997，13：115-127.

[4] Kaufmann P R，Hughes R M. Stream indicator and design workshop. EPA/600/R-93/138. U. S. Environment Protection Agency，Corvallis，Oregon，1993，84.

[5] 徐彩彩. 辽河流域河流分类与生境评价研究[D]. 太原：山西大学，2015.

[6] Janssen P，Piegay H，Pont B，et al. How maintenance and restoration measures mediate the response of riparian plant functional composition to environmental gradients on channel margins：insights from a highly degraded large river[J]. Science of the Total Environment，2019，656：1312-1325.

[7] 郑丙辉，张远，李英博. 辽河流域河流栖息地评价指标与评价方法研究[J]. 环境科学学报，2007，27（6）：928-936.

[8] 陈婷. 平原河网地区城市河流生境评价研究——以上海为实例[D]. 上海：华东师范大学，2008.

[9] 闵梦月. 清潩河流域生境质量评价及其与土地利用关系的研究[D]. 南京：南京大学，2018.

[10] 佟星星. 长春市伊通河生境质量评价指标体系（Y-RHA）的构建与应用[D]. 长春：东北师范大学，2016.

[11] Jones K L，O'Daniel S J，Beechie T J，et al. Physical habitat monitoring strategy（PHAMS）for reach-scale restoration effectiveness monitoring[R]. U.S. Geological Survey Open-File Report，2015，58.

[12] 阴琨，刘海江，王光，等. 流域水生态空间管控下生境监测方法概述[J]. 环境科学，2021，42（3）：1581-1590.

[13] 王家生，孔丽娜，林木松，等.河岸带特征和功能研究综述[J]. 长江科学院院报，2011，28（11）：28-35.

[14] 卢培歌. 苏州河城市河岸带结构与社会服务功能研究[D]. 上海：华东师范大学，2012.

[15] 胡艳敏，周文，李辉. 浅析我国河岸带景观生态效应现状与展望[J]. 现代园艺，2012（24）：118，120.

[16] Wang S，Zhang Q，Yang T，et al. River health assessment：proposing a comprehensive model based on physical habitat，chemical condition and biotic structure[J]. Ecological Indicators，2019，103：446-460.

[17] Fu B，Li Y，Wang Y，et al. Evaluation of riparian condition of Songhua River by integration of remote sensing and field measurements[J]. Scientific Reports，2017，7（1）：2565-2580.

[18] 王强，袁兴中，刘红，等. 基于河流生境调查的东河河流生境评价[J]. 生态学报，2014，34（6）：1548-1558.

[19] Dixon I，Douglas M M，Dowe J，et al. A rapid method for assessing the condition of riparian zones in the wet/dry tropics of northern Australia[C]. Proceedings of the Fourth Australian Stream Management Conference. Launceston，Tazmania，Australia. 2005，173-178.

[20] Gonzalez E，Felipe-lucai M R，Bourgeois B，et al. Integrative conservation of riparian zones[J]. Biological Conservation，2016，10（35）：20-29.

[21] Valero E，Alvarez X，Picos J. An assessment of river habitat quality as an indicator of conservation status. A case study in the Northwest of Spain[J]. Ecological Indicators，2015，57：131-138.

[22] 田晶晶. 黄浦江河岸带生态健康评价研究[D]. 上海：华东师范大学，2015.

[23] 侯景艳，张玉龙. 浑河沈阳段生态健康评价指标体系的研究[J]. 环境保护科学，2007（3）：74-77.

[24] Keesstra S D，Kondrlova E，Czajka A，et al. Assessing riparian zone impacts on water and sediment movement：a new approach[J]. Netherlands Journal of Geosciences，2012，91（2）：245-255.

[25] Parsons M，Thoms M C，Norris R H. Development of a standardised approach to river habitat assessment in Australia[J]. Environmental Monitoring and Assessment，2004，98（1/3）：109-130.

[26] Grizzetti B，Liquete C，Pistocchi A，et al. Relationship between ecological condition and ecosystem services in European rivers，lakes and coastal waters[J]. Science of the Total Environment，2019，671：452-465.

[27] Janssen P，Piegay H，Pont Janssen P，et al. How maintenance and restoration measures mediate the response of riparian plant functional composition to environmental gradients on channel margins：insights from a highly degraded large river[J]. Science of the Total Environment，2019，656：1312-1325.

[28] Fukuda S，Tanakura T，Hiramatsu K，et al. Assessment of spatial habitat heterogeneity by coupling data-driven habitat suitability models with a 2D hydrodynamic model in small-scale streams[J]. Ecological Informatics，2014，29：147-155.

[29] Adria L B，Laura C，Xavier P M，et al. Evaluating the use of Myotis daubentonii as an ecological indicator in Mediterranean riparian habitats[J]. Ecological Indicators，2017，74：19-27.

[30] Hale R，Reich P，Daniel T，et al. Assessing changes in structural vegetation and soil properties following riparian restoration. Agriculture[J]. Ecosystems & Environment，2018，252：22-29.

[31] Diehl R M，Wilcox A C，Merritt D M，et al. Development of an eco-geomorphic modeling framework to evaluate riparian ecosystem response to flow-regime changes[J]. Ecological

Engineering，2018，123：112-126.

[32] Blumetto O，Castagna A，Cardozo G，et al. Ecosystem Integrity Index，an innovative environmental evaluation tool for agricultural production systems[J]. Ecological Indicators，2019，101：725-733.

[33] Arman Z，Salmiati S，Said M I M，et al. Development of macroinvertebrate-based multimetric index and establishment of biocriteria for river health assessment in Malaysia[J]. Ecological indicators，2019，104：449-458.

[34] Janssen P，Cavaille P，Bray F，et al. Soil bioengineering techniques enhance riparian habitat quality and multi-taxonomic diversity in the foothills of the Alps and Jura Mountains[J]. Ecological Engineering，2019，133：1-9.

[35] Tian G L，Vose J M，Coleman D C，et al. Evaluation of the effectiveness of riparian zone restoration in the southern Appalachians by assessing soil microbial populations[J]. Applied Soil Ecology，2004，26：63-68.

[36] Alemu T，Bahrndorff S，Pertoldi C，et al. Development of a plant based riparian index of biotic integrity（RIBI） for assessing the ecological condition of highland streams in East Africa[J]. Ecological Indicators，2018，87：77-85.

[37] 吴阿娜. 河流健康状况评价及其在河流管理中的应用[D]. 上海：华东师范大学，2005.

[38] 王琼，范志平，李法云，等. 蒲河流域河流生境质量综合评价及其与水质响应关系[J]. 生态学杂志，2015（2）：516-523.

[39] Jiang X，Xu S G，Liu Y Y，et al. River ecosystem assessment and application in ecological restorations：a mathematical approach based on evaluating its structure and function[J]. Ecological Engineering，2015，76：151-157.

[40] Yang T，Wang S，Li X，et al. River habitat assessment for ecological restoration of Wei River Basin，China[J]. Environmental Science and Pollution Research，2018，25（17）：1-14.

[41] 刘华，蔡颖，於梦秋，等. 太湖流域宜兴片河流生境质量评价[J]. 生态学杂志，2012，31（5）：1288-1295.

[42] 曾鹏，汪昱昆，刘垚燚，等. 基于河段尺度的太湖流域城市河流生境评价[J]. 应用生态学报，2020，31（2）：581-589.

[43] 萨茹拉. 妫水河受损生境特征分析与水生植物群落修复生境研究[D]. 郑州：华北水利水电大学，2019.

[44] 张柱. 河流健康综合评价指数法评价袁河水生态系统健康[D]. 南昌：南昌大学，2011.

[45] 茹彤. 沣河河流生境调查与评价研究[D]. 西安：西北大学，2015.

[46] 胡金. 淮河流域水生态健康状况评价与研究[D]. 南京：南京大学，2015.

[47] 赵伟华，曹慧群，黄茁，等. 向家坝蓄水前后长江上游珍稀特有鱼类国家级自然保护区物理完整性评价[J]. 长江科学院院报，2015（6）：76-80.

[48] Meng W，Zhang N，Zhang Yuan，et al. Integrated assessment of river health based on water quality，aquatic life and physical habitat[J]. Journal of Environmental Sciences（China），2009，21（8）：1017-1027.

[49] 陈淼，苏晓磊，党成强，等. 三峡水库河流生境评价指标体系构建及应用[J]. 生态学报，2017，37（24）：8433-8444.

[50] 尹津航，卢文喜，张蕾. 东辽河流域水生态健康状况的模糊综合评价[J]. 安徽农业科学，2012，40（10）：6057-6059.

[51] 殷会娟，冯耀龙. 河流生态环境健康评价方法研究[J]. 中国农村水利水电，2006，55（4）：55-57.

[52] 任朋. 北京市永定河平原段生态修复效果评价与技术适宜性研究[D]. 兰州：甘肃农业大学，2019.

[53] 王劲修，齐实，Zhang Y Q，等. 山西沁河上游河岸植被缓冲带评价与恢复重建研究[J]. 湖南农业科学，2011（11）：115-119.

[54] 汪冬冬. 上海城市河流滨岸带生态系统退化评价研究[D]. 上海：华东师范大学，2010.

[55] 康鑫，张远，张楠，等. 太子河洛氏鱥幼鱼栖息地适宜度评估[J]. 生态毒理学报，2011，6（3）：310-320.

[56] 赵志淼. 辽河保护区健康河岸带及其评价方法研究[D]. 沈阳：沈阳大学，2013.

[57] 王迪. 辽河保护区生物完整性评价与生态功能分区[D]. 沈阳：沈阳农业大学，2016.

[58] 萨茹拉，刘来胜，霍炜洁，等. 北方缺水河流生境质量评价研究——以妫水河为例[J]. 中国水利水电科学研究院学报，2019，17（2）：81-89.

[59] 高明华，乌仁其其格，巴特尔，等. 放牧对植物群落特征和土壤微生物及酶活性的影响[J]. 水土保持通报，2016，36（5）：62-65.

[60] 汪冬冬，杨凯，车越，等. 河段尺度的上海苏州河河岸带综合评价[J]. 生态学报，2010（13）：3501-3510.

[61] 尹亚丽，王玉琴，李世雄，等. 围封对退化高寒草甸土壤微生物群落多样性及土壤化学计量特征的影响[J]. 应用生态学报，2019，30（1）：127-136.

[62] 罗建虎. 近自然生态修复下河岸带植被、蝶类多样性分析及生态综合评价[D]. 沈阳：东北师范大学，2014.

[63] 仲波，孙庚，陈冬明，等. 不同恢复措施对若尔盖沙化退化草地恢复过程中土壤微生物生物量碳氮及土壤酶的影响[J]. 生态环境学报，2017，26（3）：392-399.

[64] 孙丽娜，苏芳丽，胡晓敏，等. 辽河保护区水生态建设综合示范[J]. 中国科技成果，2019，20（11）：80.

[65] 田力. 辽河流域辽宁境内水质评价研究[J]. 水利技术监督，2019（3）：157-161.

[66] 涂响，彭剑峰，段亮，等. 辽河保护区干流自然生境恢复措施研究[J]. 环境工程技术学报，2013，3（6）：503-507.

[67] 关佳佳. 辽河保护区水生态监测指标体系构建的研究[D]. 沈阳：东北大学，2013.

[68] 张鸿龄，郭鑫，孙丽娜. 辽河保护区河岸带自然生境恢复现状[J]. 沈阳大学学报（自然科学版），2016，28（2）：98-104.

[69] 王辉，焦振恒，刘春跃，等. 辽河辽宁段干流表层沉积物中磷的含量及赋存形态研究[J]. 生态环境学报，2019，28（12）：2409-2415.

[70] 张润洁，袁犇，王鑫壹，等. 辽河干流水体中重金属时空分布特征及污染评价[J]. 环境保护与循环经济，2018，38（12）：63-68.

[71] 寇美玲. 辽河干流不同区段河岸带土壤养分与植物特性研究[D]. 沈阳：沈阳农业大学，

2017.

[72] 吴芮欣，马会强，支天一，等. 两种幼龄乔木修复林下土壤改良及植被多样性研究[J]. 生态科学，2019，38（3）：71-79.

[73] 李金融，侯湖平，王琛，等. 基于高通量测序的复垦土壤细菌多样性研究[J]. 环境科学与技术，2018，41（12）：148-157.

[74] 杨浩，张国珍，杨晓妮，等. 16S rRNA 高通量测序研究集雨窖水中微生物群落结构及多样性[J]. 环境科学，2017，38（4）：1704-1716.

[75] 关松荫. 土壤酶及其研究法[M]. 北京：中国农业出版社，1986.

[76] 涂为林，黎武生，刘明年，等. 武宁县土壤养分随时间变化特征及培肥措施[J]. 江西农业，2019（24）：36-39.

[77] 罗庆，吴中平，谷雷严，等. 辽河干流河岸带土壤有机磷酸酯污染特征研究[J]. 中国环境科学，2020，40（6）：2598-2603.

[78] 邵文山，李国旗. 土壤酶功能及测定方法研究进展[J]. 北方园艺，2016（9）：188-193.

[79] 殷陶刚，窦向丽，刘晶婧，等. 兰州新区不同土地利用类型对土壤有机质和养分及酶活性的影响[J]. 中国土壤与肥料，2019（6）：32-37.

[80] 李东坡，武志杰，陈利军，等. 长期培肥黑土脲酶活性动态变化及其影响因素[J]. 应用生态学报，2003，14（12）：2208-2212.

[81] 叶建华. 上海环城绿带森林群落土壤脲酶与蛋白酶活性特征及其影响因子[J]. 上海建设科技，2019（5）：73-76.

[82] 马婧怡. 晋西北不同土地利用方式土壤理化性质和酶活性特征[D]. 太原：山西大学，2018.

[83] Frankenberger W T，Dick W A . Relationships between enzyme activities and microbial growth and activity indices in soil[J]. Soil Science Society of America Journal，1983，47（5）：945-951.

[84] 刘美英，高永，李强，等. 神东矿区复垦地土壤酶活性变化和分布特征[J]. 干旱区资源与环境，2012，26（1）：164-168.

[85] 孟祥宇. 水电开发对河岸土壤理化性质与草本植物的影响[D]. 厦门：华侨大学，2018.

[86] 段杰仁，石伟，邱小琮，等. 清水河流域河岸带植物群落结构及多样性[J]. 安徽农业科学，2020，48（19）：73-76.

[87] 王阳，沈守云，廖秋林. 湘江长沙城区段河岸带植物群落多样性研究[J]. 中南林业科技大学学报，2017，37（2）：85-90.

[88] 何聪，吴世祥，胡翠华，等. 元谋干热河谷冲沟土壤墒情与植物多样性的关系研究[J]. 亚热带水土保持，2019，31（1）：26-31.

[89] 陈杰，郭屹立，卢训令，等. 伊洛河流域草本植物群落物种多样性[J]. 生态学报，2012，32（10）：3021-3030.

[90] 李秀清，李晓红. 鄱阳湖湿地不同植物群落土壤养分及微生物多样性研究[J]. 生态环境学报，2019，28（2）：385-394.

[91] Bates S T，Clemente J C，Flores G E，et al. Global biogeography of highly diverse protistan communities in soil[J]. The ISME Journal，2013，7（3）：652-659.

[92] 郭娜，孙丽娜，孟越，等. 辽河保护区河岸带土壤微生物群落结构特征[J]. 沈阳大学学报（自然科学版），2016，28（6）：457-463.